普通高等学校"十四五"规划数字装配式建筑系列教材

装配式建筑
数字孪生综合演训技术

主编◎ 宝鼎晶（学院）　　主审◎ 郭保生（学院）
　　　肖伟晋（企业）　　　　　　张一凡（企业）

参编　唐小方　陈晓旭　覃民武　汪　星
　　　臧　进　许善文　梁　鑫　黄　强
　　　麻森俊　寿胡滨

联合编制　广东白云学院
　　　　　大雁教育科技（杭州）有限公司

华中科技大学出版社
中国·武汉

图书在版编目(CIP)数据

装配式建筑数字孪生综合演训技术/宝鼎晶,肖伟晋主编.—武汉:华中科技大学出版社,2024.4
ISBN 978-7-5680-9951-6

Ⅰ.①装… Ⅱ.①宝… ②肖… Ⅲ.①数字技术-应用-装配式构件-建筑施工-研究 Ⅳ.①TU3-39

中国国家版本馆 CIP 数据核字(2023)第 213544 号

装配式建筑数字孪生综合演训技术　　　　　　　　　　　　　宝鼎晶　　肖伟晋　主编
Zhuangpeishi Jianzhu Shuzi Luansheng Zonghe Yanxun Jishu

策划编辑:胡天金
责任编辑:赵　萌
责任校对:赵　萌
封面设计:旗语书装
责任监印:朱　玢
出版发行:华中科技大学出版社(中国·武汉)　　电话:(027)81321913
　　　　　武汉市东湖新技术开发区华工科技园　　邮编:430223
录　　排:华中科技大学惠友文印中心
印　　刷:武汉市洪林印务有限公司
开　　本:787mm×1092mm　1/16
印　　张:10.5
字　　数:244 千字
版　　次:2024 年 4 月第 1 版第 1 次印刷
定　　价:49.80 元(含培训手册)

前　　言

近年来,我国城市化进程逐步加快,建筑业作为国民经济的支柱产业,为国民经济的发展提供了有力支撑。针对传统建筑施工面临的施工周期长、劳动力短缺、施工现场管理人员技术水平参差不齐等严峻问题和建筑业数字化、智能化的发展前景,我国已加大了对装配式建筑的政策扶持,鼓励各地政府和开发商在新建住宅中按照一定配比建造装配式建筑。2020 年,住房和城乡建设部等部门在《关于推动智能建造与建筑工业化协同发展的指导意见》中明确提出,"到 2025 年,我国智能建造与建筑工业化协同发展的政策体系和产业体系基本建立,建筑工业化、数字化、智能化水平显著提高,建筑产业互联网平台初步建立,产业基础、技术装备、科技创新能力以及建筑安全质量水平全面提升,劳动生产率明显提高,能源资源消耗及污染排放大幅下降,环境保护效应显著",同时强调要"加快建筑工业化升级。大力发展装配式建筑,推动建立以标准部品为基础的专业化、规模化、信息化生产体系"。

装配式建筑凭借其工期短、性能优、环境友好、政策倾斜等利好因素,受到建筑行业和社会的青睐,并广泛应用于很多建筑工程中,极大地推动了建筑行业的发展。为了适应新形势下土木工程专业教学和装配式建筑施工技能型人才培养的需求,广东白云学院与大雁教育科技(杭州)有限公司合作编写了本教材。具体编写工作由常年从事土木工程专业课教学和装配式建筑科研与实践的一线教师联合企业工程技术人员完成,他们的专业背景涉及结构工程、建筑施工、工程项目管理、装配式建筑等领域。

本书由宝鼎晶、肖伟晋担任主编,郭保生、张一凡担任主审,唐小方、陈晓旭、覃民武、汪星、臧进、许善文、梁鑫参加了相关章节的编写工作。本书在编写过程中,参阅了国内外学者的有关研究成果及文献资料,大雁教育科技(杭州)有限公司提供了演训展台,黄强、麻森俊、寿胡滨等为本书的编写工作提供了有力的技术支持,在此一并表示衷心感谢。

目　　录

习题答案

1 装配式建筑概述

1.1 装配式建筑的概念和分类

装配式建筑指的是由工厂预制的梁、板、柱等构件通过可靠的连接建造而成的建筑物。

装配式建筑可按照多种方式进行分类。

（1）按材料不同，装配式建筑可分为装配式钢结构建筑、装配式钢筋混凝土建筑、装配式轻钢结构建筑、装配式复合材料建筑等。

（2）按结构体系的不同，装配式建筑可分为筒体结构、无梁板结构、框架结构、剪力墙结构、框架剪力墙结构、预制钢筋混凝土柱单层厂房结构等。

（3）按预制率的大小，装配式建筑可分为局部使用预制构件装配式建筑、低预制率（20％～30％）装配式建筑、普通预制率（30％～70％）装配式建筑、高预制率（70％以上）装配式建筑等。

1.2 装配式建筑发展的意义

装配式建筑具有施工速度快、节省劳动力、质量可控性高、受气候因素制约较小、生产效率较高、提升建筑业现代化发展水平等显著优点。装配式建筑发展主要有以下几方面的意义。

（1）装配式建筑的预制构件都是工厂预制的，无论是工作性能还是外形状态都能进行精密的控制，施工精度非常高。此外，工厂预制构件的模具严丝合缝，相较于现场浇筑混凝土的模具来说，更不易漏浆。养护条件也比现场浇筑混凝土的条件要好。

（2）在工厂生产预制构件的效率要远高于现场作业。工厂生产不受恶劣天气和现场条件的限制，工期可控、机械化水平高、需要的劳动力少，可减少施工现场的用工量和时间。

（3）近年来，我国经济发展方式逐步由粗放向集约转变，装配式建筑构件采用工厂预制的方式,减少了施工现场的垃圾排放和扬尘等问题,有利于节能减排。

1.3 装配式建筑发展面临的问题

　　装配式建筑设计关系到预制构件生产、现场装配连接、施工工序管理等多个环节的协同工作,一旦协同管理工作不到位,装配式建筑的个性化和优越性就很难得以体现。因此,装配式建筑对整个设计、施工过程中的协同管理水平要求较高。

　　这类问题的出现,必然要求高校相关专业的毕业生具备现场经验和分析处理现场实际问题的能力。虽然通过校企合作,学生以职业人的身份顶岗从事生产性工作,可以切实缩短学校教育与用人单位要求之间的差距,实现零距离上岗,但是目前校企合作机制不够完善,还需要积极探索校内生产性实训基地建设的校企组合新模式。通过充分利用现代信息技术开发虚拟工厂、虚拟车间、虚拟工艺、虚拟实验,实现"校中厂""厂中校",由学校提供场地,企业提供设备、技术与师资支持,以企业为主组织实训,加强与推进校内生产性实训,提高学生实际动手能力。

　　此外,也要求学校在人才培养过程中,应该从职业岗位入手,从专业培养目标人才规格的确定,到教学计划、课程质量的制定,再到人才培养的实施过程,都需要本行业的建筑企业参与;根据建筑行业对人才培养规格的要求,校准人才培养目标,适时调整教学计划及教学内容,使学生所学知识和企业需求相适应。现阶段出现的问题,也对教师提出了要求:不但要有专业的理论知识,而且必须具备较强的专业技术操作技能和丰富的专业实践经验,以及专业技术技能的实训能力。

1.4 国内外装配式建筑发展现状

1.4.1 国外现状

　　北美地区装配式建筑应用非常普遍。20世纪北美的预制建筑主要用于低层非抗震设防地区,进入21世纪以来,由于建筑抗震受到重视,中高层的预制结构在工程技术中的应用也更为广泛。

　　欧洲是预制建筑的发源地,早在17世纪就开始了建筑工业化的道路。由于劳动力的短缺,欧洲积极发展装配式建筑,积累了许多工程经验,形成了最早的装配式建筑标准和一系列通用预制构件产品。

　　日本是个地震频发的国家,在探索装配式建筑的设计和施工过程中,结合自身要求,在装配式建筑的整体性抗震和隔震设计方面取得了较大的进展。日本的东京塔就是典型的预制装配式建筑结构。

1.4.2　国内现状

我国对装配式建筑的研发从 20 世纪 50 年代开始,虽有过一段发展繁荣时期,但因为技术局限和功能不足等问题逐渐衰落。21 世纪初期,我国重新发展装配式建筑,并且在发展过程中开发了具有中国特色的自主产权技术,积累了许多工程经验。

当前,建筑业面临劳动力紧缺、施工周期长、现浇混凝土施工质量参差不齐、施工效率低等问题。

2020 年,住房和城乡建设部等部门在《关于推动智能建造与建筑工业化协同发展的指导意见》中明确指出,"到 2025 年,我国智能建造与建筑工业化协同发展的政策体系和产业体系基本建立,建筑工业化、数字化、智能化水平显著提高,建筑产业互联网平台初步建立,产业基础、技术装备、科技创新能力以及建筑安全质量水平全面提升,劳动生产率明显提高,能源资源消耗及污染排放大幅下降,环境保护效应显著",同时强调指出现阶段要"加快建筑工业化升级。大力发展装配式建筑,推动建立以标准部品为基础的专业化、规模化、信息化生产体系"。

因此,装配式建筑凭借其工期短、性能优、环境友好、政策倾斜等利好因素,受到建筑行业和社会的青睐,并广泛应用于很多建筑工程中,极大地推动了建筑行业的发展。

1.5　装配式建筑实训与数字孪生的结合

近年来,科学技术水平随着社会经济的发展不断提升,对我国的建筑行业产生了很大影响,使建筑领域发生很大变化,信息化和工业化水平得到很大程度的提升。目前,我国十分重视装配式建筑的应用和发展,一个国家的科技发展水平也可以通过装配式建筑技术水平体现出来,而数字孪生的有效应用可以促进装配式建筑的智能化发展,已经受到建筑行业的广泛关注。

在新一代智能制造技术驱动下,很多职业院校期望实现装配式建筑实训教学的物理空间与信息空间的双向真实映射与实时交互。在这样的实训教学过程中,信息空间能够不断收集物理空间的实时数据,在对物理空间高度保真的前提下,通过对其操作过程进行持续调控与迭代优化,实现物理空间、信息空间和空间服务系统的全要素、全流程、全业务数据的集成和融合,实现装配式建筑智能实训教学。装配式建筑实训教学综合运用物联网、大数据、人工智能、虚拟现实等先进智能技术,不仅能够实现观察物理世界、认识物理世界、理解物理世界、控制物理世界、改造物理世界的目标,而且由于装配式建筑智能实训教学与其配套的课程体系是分层或定制化的,学习资源也能够根据个体需求精准推送,适应学生个性化特征,满足学生不同的实训需求。

1.5.1　基于数字孪生技术的装配式建筑教育应用价值

数字孪生可将装配式建筑实体的属性、结构、状态、性能、功能和行为映射到虚拟世界,形成高保真的动态多维、多尺度、多物理量模型,实现虚实之间双向映射、实时连接、动态交互。数字孪生具有虚实共生、高实时交互、高虚拟仿真、深度洞悉的特征,是实现装配式建筑智能实训教学的关键技术,其应用价值主要体现在以下四个方面。

1. 创造虚实无缝连接的映射空间,赋能学生技术技能的培养与提升

将数字孪生技术融入装配式建筑实训教学空间建设,能够将实训物理空间和信息空间深度融合,形成一个无缝的映射空间。该空间不仅为装配式建筑实训教学搭建了一个操作示范、师生互动、小组协作的平台,而且能再造实训教学过程。该空间的具体价值体现在以下三个方面。

①基于数字孪生技术的装配式建筑实训教学空间能够突破传统装配式建筑实体实训教学空间的设备局限性,让处于游离状态的学生回归课堂,营造"人人可实践"的学习氛围。

②虚拟模型可以模拟各种条件,并把状态信息及时反馈给装配式建筑沙盘实体,使学生及时发现并改进容易忽视和出错的环节,更全面深刻地理解实训操作过程,最终产出预期作品。

③学生实训操作练习能够先虚后实、虚实融合地进行,相较于完全依赖信息空间的实训操作练习,学生能获得更多的动手操作机会,赋能其装配式建筑技能的培养。

2. 实时监控实训教学进展,实现设备和产品的全生命周期管理

基于数字孪生技术的实训教学空间可对装配式建筑施工过程进行高保真复现,能对实训教学的设备运行状态及装配式建筑实体沙盘产品参数进行实时监控。数字孪生体记录装配式建筑实体构件及沙盘性能状态的准确性和实时性的能力远远大于传统的摄像头,可以无差别地获取装配式建筑实体构件及沙盘迭代变化的所有参数,然后通过对这些参数的智能化处理和分析,同步得出装配式建筑实体构件及沙盘的运行状态,并通过虚拟模型将装配式建筑实体构件及沙盘的内部细节结构展示出来。将数字孪生技术融入实训教学设备和产品全生命周期管理,实现了设备故障预警、寿命预测等功能,进而保障教学设备的健康运行,对及时改善实训操作步骤和装配式建筑实体构件及沙盘产品具有极大的提示作用。

3. 虚实动态交互与人机实时交互,缩小虚拟世界与现实世界之间的差距

基于数字孪生技术的装配式建筑实训教学不仅强调虚拟模型与装配式建筑实体构件及沙盘之间的动态交互,而且重视人机交互的体验。一方面,装配式建筑实体构件及沙盘设备通过传感器与数字孪生体动态交互,数字孪生体实时反映装配式建筑实体构件及沙盘制造产品的情况,并将结果反馈给装配式建筑实体构件及沙盘,为装配式建筑实体构件及沙盘的优化操作提供参考信息和决策支持;另一方面,将数字孪生技术融入实训教学能够营造良好的人机交互全息环境,使参与其中的学生获得身临其境般的沉浸式体验。值得注意的是,基于数字孪生技术的实训教学不仅仅局限于视觉和听觉的感知,还扩展到了全感官融合,丰富了学生的学习体验。数字孪生实训教学空间的虚实动态交互和人机实时交互真正实现了数据连接、虚实共生和联通互动。

4. 迭代优化实训教学和实操步骤,提高学生的问题解决与深度学习能力

融入数字孪生技术的装配式建筑实训教学在迭代优化教学及提高学生问题解决与深

度学习能力方面的作用主要体现在以下三方面。

①在数字孪生体迭代进化的过程中,实训教学中实操步骤的所有历史记录都可被随时提取,重现物理实体在其制造过程中的任一时刻的状态。当某项制作指标不在规定范围内时,数字孪生体将进行提示和预警,学生在收到预警信号后,可检查自己的实训操作步骤,准确发现问题环节并及时改正。

②通过虚实映射,数字孪生体基于大数据能够智能化评估实际教学效果,给予教师决策建议。教师可通过数字孪生体的反馈信息改进教学策略,有效完善整个教学流程,优化教学效果。由此可见,该实训教学过程是一个"实施—监控—预警—优化"不断迭代循环的动态过程。

③基于数字孪生技术的实训教学还支持学生开展岗前预演和锻炼,便于学生对问题进行深层挖掘,探究问题关键所在,培养其洞察、探索和自我认识的深度学习能力。

1.5.2　数字孪生技术支持的智能实训教学体系构建

数字孪生技术支持的装配式建筑智能实训教学体系,包括教学准备、教学实施、教学评价三个阶段。

1. 教学准备阶段:精准构建学生画像,规划与模拟教学过程

（1）精准构建学生画像

教学准备阶段主要是开展教学设计工作,需要分析学生特征,确定符合学生认知水平的学习目标。数字孪生技术能对学生的基础信息（如年龄、性别、家庭住址）、学习成绩（如与实训课程相关的理论基础课程成绩）、学习行为、学习投入及学习风格等数据进行建模与智能分析,进而构建全面精确反映学生知识基础与个性特征的学生画像。精准的学生画像不仅可以帮助教师深入挖掘隐藏于庞杂数据之下的学生的学习特征和规律,实现对学生学习行为的全面监测与智能干预,而且可以帮助教师根据不同学生的特征确定相应的教学起点,因材施教,真正形成针对学生个性特征和个体差异的个性化教学模式。

（2）规划与模拟教学过程

教师在教学设计中难免会出现某些环节设计不合理、不准确等问题,若将其直接运用于实训教学可能会对学生理解技术原理和熟练操作设备造成不良影响,阻碍实训教学过程的顺利开展,而高仿真的数字孪生体可以规划与模拟各类教学活动的实施过程。当实训课程教学设计完成后,教师孪生体与学生孪生体之间能够进行数据交换,数字孪生系统可以帮助教师实现两方面的目标。一方面,教师孪生体能重点关注以往教学的重点难点在此次教学过程中的实施情况,提前预判教学环节的不足之处,发现教学活动中的漏洞;另一方面,教师孪生体能清楚了解学生孪生体的反馈信息,可以通过分析数字孪生体的反馈信息选择最优化的教学策略、教学方法和教学媒体,提高整个教学活动设计的适用性、可行性和成功率。

2. 教学实施阶段:搭建协同工作环境,精准推送实训课程资源

（1）搭建协同工作环境

教学实施阶段是对准备阶段各项设计活动的检验,最重要的是激发学生的学习热情,充分彰显学生的主体地位。在实训教学过程中，小组协作学习能够交流、归纳和分析不同的知识，充分彰显每个学生的主体地位，对专业理论知识宽泛、技术要求高、注重实践应用的实训课程具有重要促进作用。

基于数字孪生技术的装配式建筑实训教学可以帮助学生开展虚拟协作。相对于传统虚拟仿真模型而言，数字孪生体不仅可以快速获取传感器数据、模拟特殊条件、精准预测学习结果，而且能动态地实时记录操作流程，这样，学生根据实训需要便能随时切换到任意操作状态。数字孪生体还可以帮助小组成员达成以下两方面的目标：①小组成员能够围绕同一个数字孪生模型进行操作演练，随着操作流程的推进，数字孪生体的最新状态以可视化的方式呈现，便于小组成员随时判断操作流程的合理性；②小组成员一旦发现实训产品朝着不可预估的方向发展，可以回溯操作流程中的不足之处，迅速改进操作步骤，促进实训任务保质保量地完成。

（2）精准推送实训课程资源

基于数字孪生技术的智能实训教学彻底改变了传统模式下教学过程的"统一化"状态，其以"智能"为驱动，通过建设智能的教育信息化体系，实现每个学生的个性化发展。基于数字孪生技术的实训教学体系精准推送课程资源包括两个方面。①首先，数字孪生体通过对教学过程要素（教师、学生、教学媒体、教学内容等）的数据建模，可从多个维度了解学生的实训操作过程；其次，依托学生画像对学生个性偏好进行分析，可预测其偏爱的学习方法和适合的学习资源等；最后，针对企业的岗位能力要求，帮助推送个性化的实训课程资源，定制个性化的学习路线。②关于实训过程中存在的疑惑与问题，学生还可与专家孪生体直接进行讨论交流，专家孪生体针对学生出现的问题，结合实践教学与工作经验给出个性化解答。

3. 教学评价阶段：采用数据驱动的伴随式评价，提供可靠有效的反馈

在以往的实训教学中，对学生实训效果的评价多是在教学过程结束时对他们的资格认定或检测，但这类评价方式往往只有目标评价而无过程评价，多指向选拔的目标而忽视学生的未来发展。《教育部关于职业院校专业人才培养方案制订与实施工作的指导意见》指出，要"健全多元化考核评价体系，完善学生学习过程监测、评价与反馈机制，引导学生自我管理、主动学习，提高学习效率。强化实习、实训、毕业设计（论文）等实践性教学环节的全过程管理与考核评价"。

数字孪生技术支持的装配式建筑实训教学评价具有以下三方面优势。

①实训的智能评价体系符合教育信息化的发展趋势，融合了大数据、人工智能等先进技术，实现了评价数据的伴随式采集和智能分析，为教师改进教学过程和学生提高实训效果提供了更加可信的反馈。

②数字孪生体基于实训教学过程中来源广、种类多、结构复杂的海量数据，不仅可以精准记录实训教学全过程，而且能够智能分析重点操作是否符合规定，形成"教学—评价—反馈—再教学"大数据评价体系，改善传统实训教学体系。

③数据驱动的伴随式评价可以提升实训课程的重难点考核权重，增加评价维度，丰富评价指标，提高评价深度，促使教师从过去以直观感受为主的教学评价转变为以"数据＋

算法"为核心的智能评价。

近年来,融合了物联网、大数据、云计算、区块链、混合现实等技术的数字孪生技术备受各领域关注,正在以前所未有的速度和力量颠覆性改变着生产制造,也促进职业教育实训教学向智能化方向转型升级。融入数字孪生技术的装配式建筑智能实训教学注定将重塑实训教学新生态体系,促进职业教育发展。基于数字孪生技术的装配式建筑智能实训教学,不仅能彰显智能时代的职业教育办学特色,推进智能产业所需高技术技能人才的培养,而且能融入数字孪生的学校、城市建设中,更好地服务于装配式建筑智能教育与社会环境的构建。

本 章 小 结

装配式建筑是利用工厂预制的构件进行建造的一种新型建筑方式。它可以按照材料、结构体系和预制率等多个维度进行分类。装配式建筑的发展具有重要意义,因为它具有施工速度快、质量可控、节省劳动力等优势。然而,装配式建筑在发展过程中也面临一些问题,包括协同管理水平要求高以及人才培养的挑战。在国外,北美地区、欧洲和日本等地对装配式建筑的应用较为广泛。在国内,我国对装配式建筑的研发和应用也取得了一定的成绩。当前,我国重视装配式建筑的发展,并将其作为推动建筑业现代化发展的重要手段之一。数字孪生技术在装配式建筑实训教学中的应用也具有重要意义。数字孪生技术可以实现装配式建筑实训过程的虚实连接和实时交互,并提供个性化的教学资源和反馈。它还可以支持智能评价系统的构建,提供可靠有效的教学反馈。综上所述,基于数字孪生技术的装配式建筑智能实训教学具有重要意义,有助于推动装配式建筑的智能化发展和教育的创新。

本 章 习 题

一、选择题

1. 装配式建筑的分类不包括以下哪个维度?(　　)

A. 工艺技术　　　　B. 结构体系　　　　C. 预制　　　　D. 材料

2. 以下哪个不属于装配式建筑的发展意义?(　　)

A. 施工速度快　　　B. 质量可控性高　　C. 人力成本降低　　D. 生产效率提高

3. 国外对装配式建筑的应用较为广泛的地区不包括以下哪个地区?(　　)

A. 北美地区　　　　B. 欧洲　　　　　　C. 日本　　　　D. 非洲

4. 基于数字孪生技术的装配式建筑智能实训教学的优势包括以下哪一项?(　　)

A. 提供个性化教学资源 　　　　　　B. 实现实时监控与反馈

C. 促进学生的问题解决与深度学习能力　D. 以上都是

二、问答题

1. 装配式建筑的分类有哪些，可以按照哪些维度进行分类？

2. 数字孪生技术如何支持装配式建筑实训教学的智能化发展？

3. 数字孪生技术在装配式建筑实训教学中的应用有哪些优势和意义？

2 装配式建筑工程识图

2.1 识读建筑施工图

 学习目标

①了解装配式混凝土剪力墙结构住宅建筑施工图的表达方法。

②能识读装配式混凝土剪力墙结构住宅建筑施工图。

 知识解读

2.1.1 建筑施工图概述

装配式混凝土剪力墙结构住宅建筑施工图除总平面图,建筑设计说明,各层平面图、立面图、剖面图和大样详图外,一般还包括套型平面详图,套型设备点位综合详图,立面详图,楼梯或电梯平面详图,阳台空调板大样图,墙板构件尺寸标准图,阳台、空调板构件尺寸标准图,楼梯构件尺寸标准图等。

2.1.2 建筑施工图的内容和功能

建筑施工图一般包括总平面图,建筑设计说明,各层平面图、立面图、剖面图和其他大样详图等。

①总平面图。按建筑制图相关标准绘制,需要特别注意的是,总平面图需要考虑预制构件现场临时存放的场地条件,还需要考虑预制构件吊装设施的安全经济性及合理布置的要求。

②各层平面图。采用装配式混凝土结构施工的建筑,其建筑平面图的表达与现浇混凝土结构一样,需要注意的是,平面图内要通过图例区分表示现浇混凝土和预制混凝土。标准层平面示例如图 2-1 所示。

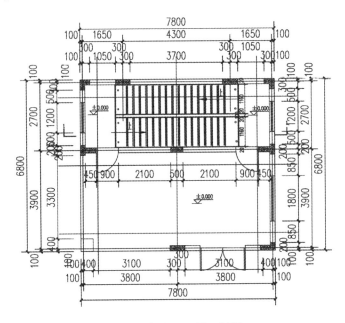

图 2-1　标准层平面示例图

③立面图。采用装配式混凝土结构施工的建筑,其建筑立面图的表达与现浇混凝土结构一样,需要注意的是,立面详图需要标注外墙做法、门窗开启方向,还应绘制外墙板灰缝、水平板缝、垂直板缝及其定位,并索引水平缝、垂直缝的节点。

④剖面图。采用装配式混凝土结构施工的建筑,其建筑剖面图的表达与现浇混凝土结构一样,需要注意的是,剖面图内要通过图例区分表示现浇混凝土和预制混凝土。

2.2　识读结构施工图

 学习目标

①熟悉结构设计总说明。

②掌握装配整体式结构专项说明的主要内容。

③熟悉装配式混凝土结构施工图图例。

知识解读

结构施工图的平面布置图应按标准层绘制,绘制内容包括预制剪力墙外墙板、内隔墙、预制柱、叠合板、楼梯、阳台等,并进行编号,例如如图2-2所示项目的墙柱布置图、梁板布置图。

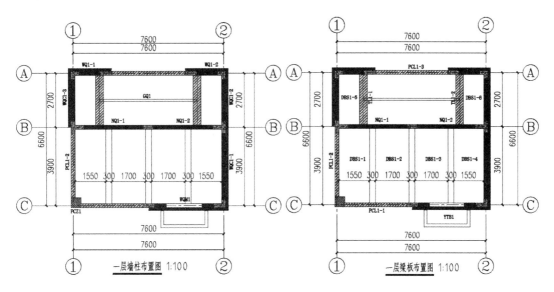

图2-2 墙柱布置图、梁板布置图

①在墙柱平面布置图中,应标注未居中承重墙体与轴线的定位,预制剪力墙的门窗洞口、结构洞的尺寸和定位,表明预制剪力墙的装配方向,还应标注水平后浇带或圈梁的位置。预制剪力墙构造与配筋参见《预制混凝土剪力墙外墙板》(15G365-1)和《预制混凝土剪力墙内墙板》(15G365-2),此处不再示意详细配筋图。此外,还应绘制出所有柱并定位编号,相同预制柱采用同一编号,并对预制柱的每一段进行编号。

②叠合板模板及配筋图如图2-3所示,板的接缝采用列表标注方法表达或绘制大样、现浇层注写方法与《混凝土结构施工图平面整体表示方法制图规则和构造详图(现浇混凝土框架、剪力墙、梁、板)》(22G101-1)中楼盖板的平法施工表示方法相同,均需标注叠合板的编号,并且当板的标高不同时,需要在预制板编号下标注标高高差。

③图例及编号。预制剪力墙编号由墙板代号和序号组成,如:预制外墙为YWQ+序号,预制内墙为YNQ+序号,预制柱为PCZ+序号,预制梁为PCL+序号,后浇段编号由后浇段类型代号和序号组成,一般为HJD+序号。预制剪力墙外墙板、内隔墙、预制柱、叠合梁、楼梯、阳台等相应图例如表2-1所示。

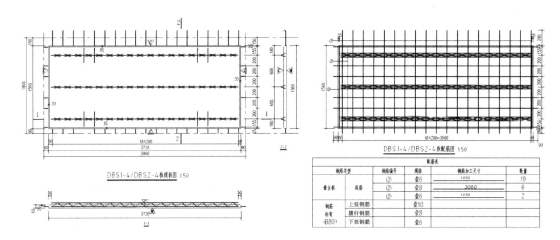

图 2-3　叠合板模板及配筋图

表 2-1　图例表

填 充 图 案	代　表	填 充 图 案	代　表
	现浇连接节点		预制柱
	预制梁		内叶墙
	叠合板		保温层
	预制阳台板		外叶墙

④后浇段 HJD1、HJD4 为边缘翼墙,属于构造边缘构件后浇段,两个方向的长度均要求不小于 400 mm,HJD2 为非边缘构件的后浇段,长度一般要求不小于 200 mm,HJD3 为有翼墙的非约束边缘构件后浇段,长度满足构造要求即可。HJD5、HJD6 是约束预制墙与预制梁构件的后浇段,应特别注意预制梁外伸钢筋的施工要求。后浇段节点图及详图示例如图 2-4 所示。

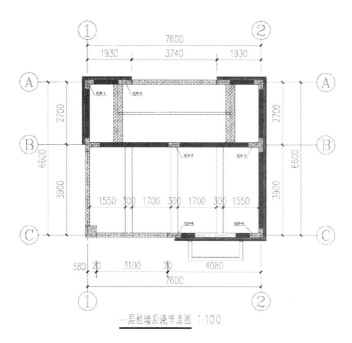

一层柱墙后浇节点图 1:100

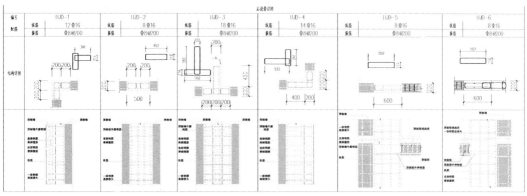

图 2-4　后浇段节点图及详图

⑤楼梯一般需要绘制平面布置图、立面图或剖面图,并进行标注,如图 2-5 所示。其他部分(即与楼梯相关的现浇混凝土平台板、梯梁、梯柱等部分)的注写方式参见国家建筑标准设计图集《混凝土结构施工图平面整体表示方法制图规则和构造详图(现浇混凝土框架、剪力墙、梁、板)》(22G101-1)。

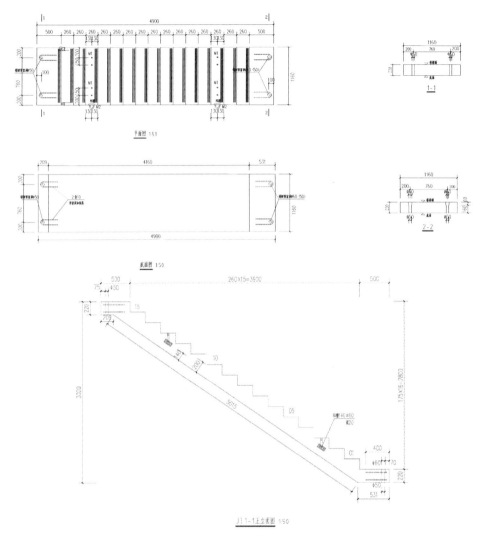

图 2-5　平面布置图和剖面图

2.3　预制构件及其连接的识图

2.3.1　预制构件及其连接基本构造要求

 学习目标

①熟悉混凝土结构的环境类别。

②掌握混凝土保护层厚度要求。

③熟悉预制构件纵向钢筋净距要求。

④熟悉钢筋锚固的方式,掌握钢筋锚固长度的概念,会计算锚固长度。

⑤熟悉钢筋的连接方式及连接构造。

⑥掌握封闭箍筋及拉筋构造。

⑦识读预制构件及连接节点图例。

 知识解读

1. 混凝土结构的环境类别

结构所处环境是影响其耐久性的外因,环境类别是指混凝土暴露表面所处的环境条件。混凝土结构暴露的环境类别划分见表2-2,设计可根据实际情况确定适当的环境类别。

表 2-2 混凝土结构的环境类别

环 境 类 别	条 件
一	室内干燥环境;无侵蚀性静水浸没环境
二 a	室内潮湿环境;非严寒和非寒冷地区的露天环境;非严寒和非寒冷地区与无侵蚀性的水或土壤直接接触的环境;严寒和寒冷地区的冰冻线以下与无侵蚀性的水或土壤直接接触的环境
二 b	干湿交替环境;水位频繁变动环境;严寒和寒冷地区的露天环境;严寒和寒冷地区的冰冻线以上与无侵蚀性的水或土壤直接接触的环境
三 a	严寒和寒冷地区冬季水位冰冻区环境;受除冰盐影响环境;海风环境
三 b	盐渍土环境;受除冰盐作用环境;海岸环境
四	海水环境
五	受人为或自然的侵蚀性物质影响的环境

注:①室内潮湿环境是指构件表面经常处于结露或湿润状态的环境。

②严寒和寒冷地区的划分应符合《民用建筑热工设计规范》(GB 50176)的有关规定。

③海岸环境和海风环境宜根据当地情况,考虑主导风向及结构所处迎风、背风部位等因素的影响,由调查研究和工程经验确定。

④受除冰盐影响环境为受除冰盐盐雾影响的环境;受除冰盐作用环境指被除冰盐溶液溅射的环境以及使用除冰盐地区的洗车房、停车楼等建筑。

⑤暴露的环境是指混凝土结构表面所处的环境。

2. 混凝土保护层厚度要求

混凝土保护层厚度指最外层钢筋外边缘至混凝土表面的距离,适用于设计使用年限为50年的混凝土结构。混凝土保护层的最小厚度见表2-3,且构件中受力钢筋的保护层厚度不应小于钢筋的公称直径。设计使用年限为100年的混凝土结构,在一类环境中,最外层钢筋的保护层厚度不应小于表中数值的1.4倍。对采用工厂化生产的构件,当有充分依据时,可适当减少混凝土保护层厚度。梁、柱、墙中纵向受力钢筋的保护层厚度大于50 mm时,宜对保护层采取有效的构造措施,在保护层内配置防裂、防剥落的焊接钢筋网片,网片钢筋的保护层厚度不应小于 25 mm。

表 2-3　混凝土保护层最小厚度 c_{min}　　　　　　　（单位:mm）

环　境　类　别	板	梁、叠合梁、预制梁	柱
一	15	20	20
二 a	20	25	25
二 b	25	35	35
三 a	30	40	40
三 b	40	50	50

最小保护层厚度要求既适用于预制构件,也适用于后浇混凝土部分。叠合板、预制板混凝土保护层厚度如图 2-6 所示,叠合梁混凝土保护层厚度如图 2-7 所示,其中 d_1 和 d_2 分别为梁上部和下部纵向钢筋的公称直径,d 为二者的较大值。剪力墙、楼梯的混凝土保护层厚度同板,柱的混凝土保护层厚度同叠合梁。

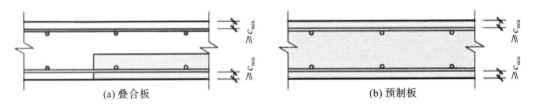

(a) 叠合板　　　　　　　　　　　　　(b) 预制板

图 2-6　板混凝土保护层厚度

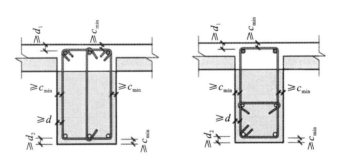

图 2-7　叠合梁混凝土保护层厚度

钢筋锚固板混凝土保护层厚度如图 2-8 所示,纵筋的混凝土保护层厚度不应小于 $1.5d$(d 为纵直径),锚固板的混凝土保护层厚度不应小于 15 mm。梁纵筋机械连接接头处的混凝土保护层厚度如图 2-9 所示,不应小于 15 mm。梁纵筋套筒灌浆连接接头处钢筋的混凝土保护层厚度如图 2-10 所示,应保证钢筋的保护层厚度不小于 20 mm。

3. 板、梁、柱钢筋的净距

为了便于浇筑混凝土,保证钢筋周围混凝土的密实性,板内钢筋间距不宜太小;为了使板正常承受外荷载,钢筋间距也不宜过大。板中受力钢筋的间距:当板厚不大于 150 mm 时不宜大于 200 mm,一般为 70~200 mm;当板厚大于 150 mm 时不宜大于板厚的 1.5 倍,且不宜大于 250 mm。

为了保证混凝土能很好地将钢筋包裹住,使钢筋应力能可靠地传递到混凝土以及避

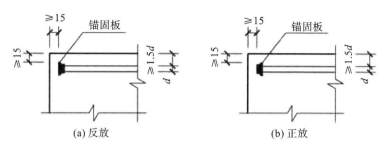

图 2-8 钢筋锚固板混凝土保护层厚度

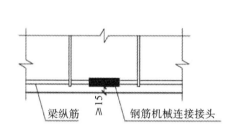

图 2-9 梁纵筋机械连接接头处
混凝土保护层厚度

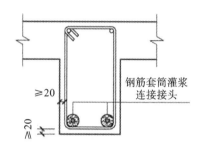

图 2-10 梁纵筋套筒灌浆连接接头处
混凝土保护层厚度

免因钢筋布置过密而妨碍混凝土的捣实,梁上部钢筋水平方向的净间距不应小于30 mm 和1.5d;梁下部钢筋水平方向的净间距不应小于25 mm 和d。当下部钢筋多于 2 层时,2 层以上钢筋水平方向的中距应比下面 2 层的中距增大一倍;各层钢筋之间的净间距不应小于 25 mmm 和d(d 为相应位置处钢筋的最大直径)。如图 2-11 所示为梁钢筋的净距要求。

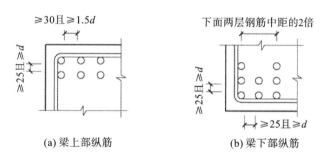

图 2-11 梁钢筋的净距

柱中纵向钢筋的净间距不应小于 50 mm,且不宜大于 300 mm,抗震框架柱纵筋间距不宜大于 200 mm。

除满足以上要求外,带锚固板的钢筋、设置钢筋机械连接接头或钢筋套筒灌浆连接接头的纵向钢筋间距应适当增大。锚固区带锚固板钢筋净距要求不应小于 1.5d(d 为纵直径），钢筋机械连接接头或钢筋套筒灌浆连接接头处的净距均不应小于 25 mm，如图 2-12 所示。

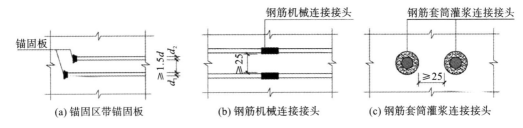

图 2-12　钢筋连接接头横向净距

4. 钢筋的锚固

（1）受拉钢筋的基本锚固长度

为了使钢筋和混凝土能可靠地共同工作，钢筋在混凝土中必须有可靠的锚固。当计算中充分利用钢筋的抗拉强度时，受拉通长钢筋的锚固应符合下列要求。

$$l_{ab} = \alpha \frac{f_y}{f_t} d \qquad (2\text{-}1)$$

式中：l_{ab}——受拉钢筋的基本锚固长度；

　　　f_y——普通钢筋的抗拉强度设计值；

　　　f_t——混凝土轴心抗拉强度设计值，当混凝土强度等级高于 C60 时，按 C60 取值；

　　　d——锚固钢筋的直径；

　　　α——锚固钢筋的外形系数，按表 2-4 取用。

表 2-4　锚固钢筋的外形系数

钢筋类型	光面钢筋	带肋钢筋	螺旋肋钢筋	三股钢绞线	七股钢绞线
外形系数	0.16	0.14	0.13	0.16	0.17

注：光圆钢筋末端应做 180°弯钩，弯后平直段长度不应小于 3d，但作受压钢筋时可不做弯钩。

（2）受拉钢筋的锚固长度

受拉钢筋的锚固长度应根据锚固条件按式（2-2）计算，且不应小于 200 mm。

$$l_a = \zeta_a l_{ab} \qquad (2\text{-}2)$$

式中：l_a——受拉钢筋的锚固长度；

　　　l_{ab}——受拉钢筋的基本锚固长度；

　　　ζ_a——锚固长度修正系数。

锚固长度修正系数的取值，对于普通钢筋，具体规定如下。

①当带肋钢筋的公称直径大于 25 mm 时取 1.10。

②环氧树脂涂层带肋钢筋取 1.25。

③施工过程中易受扰动的钢筋取 1.10。

④当纵向受力钢筋的实际配筋面积大于其设计计算面积时，取设计计算面积与实际配筋面积的比值。但对有抗震设防要求及直接承受动力荷载的结构构件，不应考虑此项修正。

⑤当锚固钢筋的保护层厚度为 $3d$ 时可取 0.80,保护层厚度为 $5d$ 时可取 0.70,中间按内插法取值,此处 d 为锚固钢筋的直径。

锚固长度修正系数多于一项时,可按连乘法计算,但不应小于 0.6。

(3) 锚固范围内的横向构造钢筋

当锚固钢筋的保护层厚度不大于 $5d$,锚固长度范围内应配置横向附加构造钢筋,其直径不应小于 $d/4$;对梁、柱、斜撑等构件间距不应大于 $5d$,对板、墙等平面构件间距不应大于 $10d$,且均不应大于 100 mm,此处 d 为锚固钢筋的直径。

(4) 纵向钢筋弯钩与机械锚固形式

当纵向受拉普通钢筋末端采用弯钩或机械锚固措施时,包括弯钩或锚固端头在内的锚固长度(投影长度)可取为基本锚固长度的 60%。弯钩和机械锚固的形式和技术要求见图 2-13 和表 2-5。

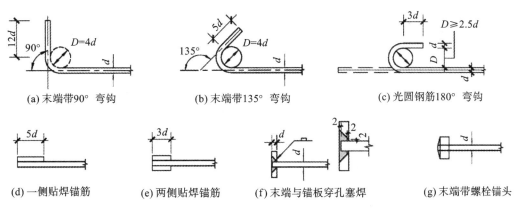

图 2-13　纵向钢筋弯钩与机械锚固形式

表 2-5　钢筋弯钩和机械锚固的形式和技术要求

锚 固 形 式	技 术 要 求
90°弯钩	末端 90°弯钩,弯钩内径 $4d$,弯后直段长度 $12d$
135°弯钩	末端 135°弯钩,弯钩内径 $4d$,弯后直段长度 $5d$
光圆钢筋 180°弯钩	末端 180°弯钩,弯钩内径 $2.5d$,弯后直段长度 $3d$
一侧贴焊锚筋	末端一侧贴焊长 $5d$ 同直径钢筋
两侧贴焊锚筋	末端两侧贴焊长 $3d$ 同直径钢筋
穿孔塞焊锚筋	末端与厚度 d 的锚板穿孔塞焊
螺栓锚头	末端旋入螺栓锚头

注:①焊缝和螺纹长度应满足承载力要求。

②螺栓锚头和焊接锚板的承压净面积不应小于锚固钢筋截面积的 4 倍。

③螺栓锚头的规格应符合相关标准的要求。

④螺栓锚头和焊接锚板的钢筋净间距不宜小于 $4d$,否则应考虑群锚效应的不利影响。

⑤截面角部的弯钩和一侧贴焊锚筋的布筋方向宜向截面内侧偏置。

钢筋弯折的弯弧内直径 d 还应符合下列规定。

①光圆钢筋,不应小于钢筋直径的 2.5 倍。

②335 MPa 级、400 MPa 级带肋钢筋,不应小于钢筋直径的 4 倍。

③500 MPa 级带肋钢筋,当直径 $d \leqslant 25$ mm 时,不应小于钢筋直径的 6 倍;当直径 $d > 25$ mm 时,不应小于钢筋直径的 7 倍。

④位于框架结构顶层端节点处的梁上部纵向钢筋和柱外侧纵向钢筋,在节点角部弯折处,当钢筋直径 $d \leqslant 25$ mm 时,不应小于钢筋直径的 12 倍;当直径 $d > 25$ mm 时,不应小于钢筋直径的 16 倍。

⑤钢筋弯折处尚不应小于纵向受力钢筋直径;箍筋弯折处纵向受力钢筋为搭接或并筋时,应按钢筋实际排布情况确定箍筋弯弧内直径。

（5）受压钢筋的锚固长度

混凝土结构中的纵向受压钢筋,当计算中充分利用其抗压强度时,锚固长度不应小于相应受拉锚固长度的 70%。受压钢筋锚固长度范围内的横向构造钢筋与受拉钢筋的配置要求相同。

（6）抗震设计时受拉钢筋基本锚固长度

抗震设计时受拉钢筋基本锚固长度 l_{abE} 应按式（2-3）计算:

$$l_{abE} = \zeta_{aE} l_{ab} \tag{2-3}$$

式中:l_{abE}——受拉钢筋的抗震基本锚固长度;

ζ_{aE}——纵向受拉钢筋抗震锚固长度修正系数,对一、二级抗震等级取 1.15,对三级抗震等级取 1.05,对四级抗震等级取 1.00。

（7）纵向受拉钢筋的抗震锚固长度

抗震构件纵向受拉钢筋的抗震锚固长度 l_{aE} 应按式（2-4）计算:

$$l_{aE} = \zeta_{aE} l_a \tag{2-4}$$

式中:l_{aE}——受拉钢筋的抗震锚固长度。

预制构件纵向钢筋宜在后浇混凝土内直线锚固;当后浇段长度不能满足直线锚固长度时,可采用弯折锚固或机械锚固方式,但钢筋弯折不便于装配式混凝土结构的加工、安装,故预制构件纵向钢筋的锚固常用钢筋锚固板的机械锚固方式,伸出构件的钢筋长度较短且不需弯折。

5. 钢筋的连接

除采用绑扎搭接、机械连接或焊接连接外,钢筋套筒灌浆连接是装配式混凝土结构重要的连接形式。此外,浆锚搭接也有应用。

混凝土结构中的受力钢筋的连接接头宜设置在受力较小处。如钢筋混凝土柱钢筋的连接接头一般设置在柱的中间部位,梁上部钢筋的连接接头设置在跨中 1/3 处。在同一根受力钢筋上宜少设接头。在结构的重要构件和关键传力部位,纵向受力钢筋不宜设置连接接头。

轴心受拉及小偏心受拉杆件的纵向受力钢筋不得采用绑扎搭接;其他构件中的钢筋采用绑扎搭接时,受拉钢筋直径不宜大于 25 mm,受压钢筋直径不宜大于 28 mm。

（1）绑扎搭接

同一构件中相邻纵向受力钢筋的绑扎搭接接头宜互相错开。钢筋绑扎搭接接头连接区段的长度为 1.3 倍搭接长度,凡搭接接头中点位于该连接区段长度内的搭接接头均属于同一连接区段,如图 2-14 所示,同一连接区段内纵向受力钢筋搭接接头面积百分率为该区段内有搭接接头的纵向受力钢筋与全部纵向受力钢筋截面面积的比值。当直径不同的钢筋搭接时,按直径较小的钢筋计算。

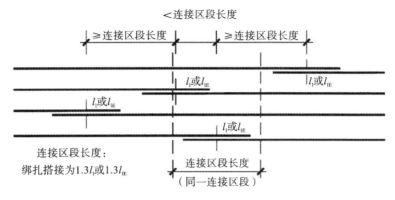

图 2-14 同一连接区段内纵向受拉钢筋绑扎搭接接头

位于同一连接区段内的受拉钢筋搭接接头面积百分率:对梁类、板类及墙类构件,不宜大于 25%;对柱类构件,不宜大于 50%。当工程中确有必要增大受拉钢筋搭接接头面积百分率时,对梁类构件,不宜大于 50%;对板、墙、柱及预制构件的拼接处,可根据实际情况放宽。

①纵向受拉钢筋绑扎搭接接头的搭接长度,应根据位于同一连接区段内的钢筋搭接接头面积百分率按式(2-5)计算,且不应小于 300 mm。

$$l_1 = \zeta_1 l_a \tag{2-5}$$

式中:l_1——纵向受拉钢筋的搭接长度;

ζ_1——纵向受拉钢筋的搭接长度修正系数,按表 2-6 取用。当纵向搭接钢筋接头面积百分率为表中间值时,修正系数可按内插法取值。

表 2-6 纵向受拉钢筋搭接长度修正系数

纵向搭接钢筋接头面积百分率/(%)	≤25	50	100
ζ_1	1.2	1.4	1.6

②纵向受压钢筋绑扎搭接接头的搭接长度。构件中的纵向受压钢筋当采用搭接连接时,其受压搭接长度不应小于纵向受拉钢筋搭接长度的 70%,且不应小于 200 mm。

③纵向受力钢筋搭接区箍筋构造。在梁柱类构件的纵向受力钢筋搭接长度范围内的横向构造钢筋,应按图 2-15 设置,搭接区内箍筋直径不小于 $d/4$(d 为搭接钢筋最大直径),间距不应大于 100 mm 及 $5d$(d 为搭接钢筋最小直径);当受压钢筋直径大于 25 mm 时,尚应在搭接接头两个端面外 100 mm 的范围内各设置两道箍筋。

④纵向受拉钢筋的抗震搭接长度。当采用搭接连接时,纵向受拉钢筋的抗震搭接长度应按式(2-6)计算。

$$l_{1E} = \zeta_1 l_{aE} \tag{2-6}$$

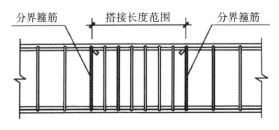

图 2-15 纵向受力钢筋搭接区箍筋构造

式中：l_{lE}——纵向受拉钢筋的搭接长度。

纵向受力钢筋连接的位置宜避开梁端、柱端箍筋加密区；如必须在此连接时，应采用机械连接或焊接。混凝土构件位于同一连接区段内的纵向受力钢筋接头面积百分率不宜超过 50%。

（2）机械连接

如图 2-16 所示，纵向受拉钢筋的机械连接接头宜相互错开。钢筋机械连接区段的长度为 35d（d 为连接钢筋的较小直径）。凡接头中点位于该连接区段长度内的机械连接接头均属于同一连接区段。

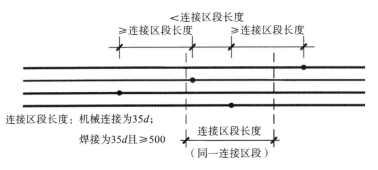

图 2-16 同一连接区段内纵向受拉钢筋机械连接、焊接接头

位于同一连接区段内的纵向受拉钢筋接头面积百分率不宜大于 50%；对板、墙、柱及预制构件的拼接处，可根据实际情况放宽。纵向压钢筋的接头面积百分率可不受限制。

机械连接套筒的保护层厚度宜满足有关钢筋最小保护层厚度的规定。机械连接套筒的横向净间距不宜小于 25 mm；套筒处箍筋的间距仍应满足相应的构造要求，宜采取在机械连接套筒两侧减小箍筋布置间距来避开套筒的解决办法。

（3）焊接接头

如图 2-16 所示，纵向受力钢筋的焊接接头应相互错开。钢筋焊接接头连接区段的长度为 35d（d 为连接钢筋的较小直径）且不小于 500 mm，凡接头中点位于该连接区段长度内的焊接接头均属于同一连接区段。

纵向受拉钢筋的接头面积百分率不宜大于 50%，但对预制构件的拼接处，可根据实际情况放宽。纵向受压钢筋的接头面积百分率可不受限制。

6. 封闭箍筋及拉筋弯钩构造

如图 2-17 所示，通常情况下，箍筋应做成封闭式，形式包括焊接封闭箍筋和带弯钩的封闭箍筋。焊接封闭箍筋一般在工厂加工制作，带弯钩的封闭筋弯钩弯折角度为135°，抗震构件或受扭构件弯钩长度 L_d 不小于 $10d$ 和 75 mm 的较大值，非抗震构件弯钩长度 L_d 不小于 $5d$ 和 50 mm 的较大值。

拉筋的弯钩弯折要求同箍筋，可采用以下三种形式：拉筋紧靠箍筋并钩住纵筋，拉筋紧靠纵筋并钩住箍筋，拉筋同时钩住纵筋和箍筋，如图 2-18 所示。

图 2-17　封闭箍筋图　　　　　　　　　　图 2-18　拉筋构造

2.3.2　预制柱构造与识图

 ┃学习目标

①了解预制柱及其连接构造。

②能读懂预制柱构件详图及连接构造详图。

 ┃知识解读

1. 构造要求

（1）预制柱截面形状与尺寸

预制柱的截面形状一般为矩形，边长不宜小于 400 mm，且不宜小于同方向梁宽的1.5倍。

（2）纵向钢筋

预制柱纵向受力钢筋直径不宜小于 20 mm，间距不宜大于 200 mm，且不应大于 400 mm。纵筋可沿截面四周均匀布置，如图 2-19（a）所示；当柱边长大于 600 mm 时，纵筋也可集中于四角布置，并在柱中设置直径不宜小于 12 mm 且大于箍筋直径的纵向辅助钢筋，纵向辅助钢筋一般不伸入框架节点，在预制柱端部锚固，如图 2-19（b）所示。

预制柱的纵向钢筋宜采用套筒灌浆连接，当房屋高度不大于 12 m 或层数不超过 3 层时，也可采用浆锚搭接、焊接连接等连接方式。采用预制柱及叠合梁的钢筋混凝土框架中，柱底接缝宜设置在楼面标高处，如图 2-20 所示，柱纵向受力钢筋应贯穿后浇节点区，伸入上层柱灌浆套筒内，柱底接缝厚度宜为 20 mm，并应采用灌浆料填实。

顶层中柱纵向钢筋采用直线锚固，当锚固长度不足时，宜采用锚固板锚固，如图 2-21（a）所示，顶层边柱纵向受力钢筋宜伸出屋面并锚固在伸出段内，伸出段长度不宜小于

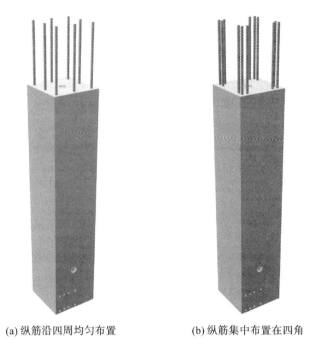

(a) 纵筋沿四周均匀布置　　　　　　　　(b) 纵筋集中布置在四角

图 2-19　预制柱

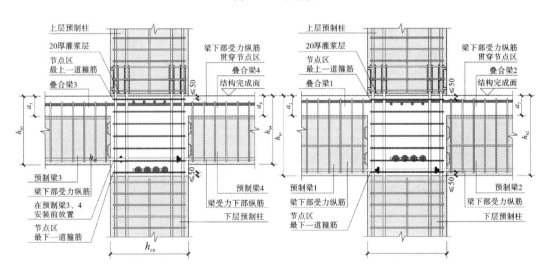

图 2-20　预制柱连接构造

500 mm，伸出段内箍筋间距不应大于 $5d$（d 为柱纵向受力钢筋直径），且不应大于 100 mm，柱纵向钢筋宜采用锚固板锚固，锚固长度不应小于 $40d$，如图 2-21（b）所示。

（3）箍筋

预制柱的箍筋采用普通复合箍筋或连续复合箍筋，截面如图 2-22 所示。柱筋加密区高度除应满足现浇混凝土框架结构要求外，当纵向受力钢筋在柱底采用套筒灌浆连接时，不应小于纵向受力钢筋连接区域长度与 500 mm 之和，且套筒上端第一道箍筋距离套筒顶部不应大于 50 mm，如图 2-23 所示。

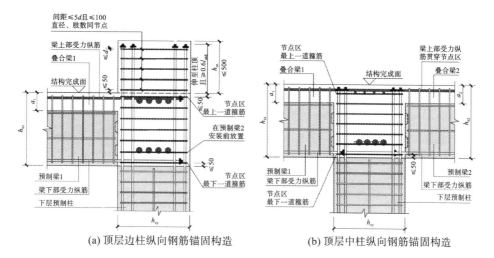

(a) 顶层边柱纵向钢筋锚固构造　　　(b) 顶层中柱纵向钢筋锚固构造

图 2-21　顶层柱纵向钢筋锚固构造

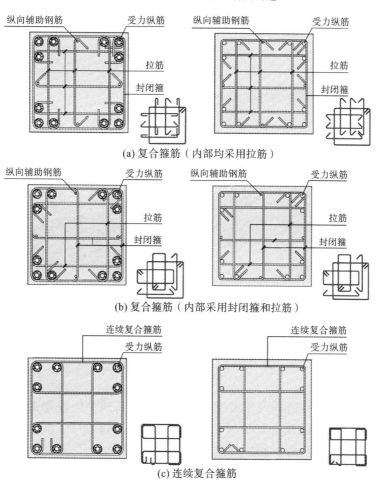

(a) 复合箍筋（内部均采用拉筋）

(b) 复合箍筋（内部采用封闭箍和拉筋）

(c) 连续复合箍筋

图 2-22　预制柱截面

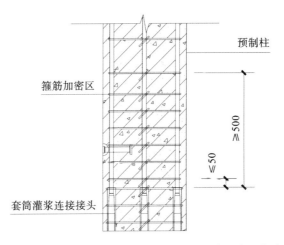

图 2-23 钢筋采用套筒灌浆连接时柱底箍筋加密区构造

（4）键槽与粗糙面设置

预制柱的底部应设置键槽且宜设置粗糙面，键槽应均匀布置，键槽深度不宜小于 30 mm，键槽端部斜面倾角不宜大于 30°，柱顶应设置粗糙面，粗糙面凹凸深度应不小于 6 mm。柱底键槽如图 2-24 所示。

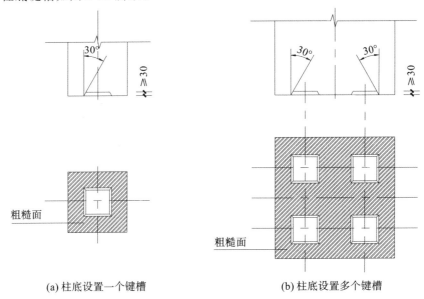

(a) 柱底设置一个键槽　　　　　　(b) 柱底设置多个键槽

图 2-24 预制柱底部键槽

（5）预埋件设置

预制柱需设置吊装预埋件与临时支撑预埋件。吊装预埋件设置在柱顶，一般设置 3 个，呈三角形分布，也可设置 2 个；水平吊点设置在正面，对称布置，一般设置 4 个或 2 个。临时支撑预埋件设置在正面和相邻侧面中间部位。柱顶部有时需设置支模套筒。此外，在柱底部中心部位需设置灌浆排气孔，排气孔的孔口应高出灌浆套筒出浆孔 100 mm 以上。

2. 构造详图

图 2-25、图 2-26 分别为柱纵筋均匀布置周边的柱模板图与配筋图。

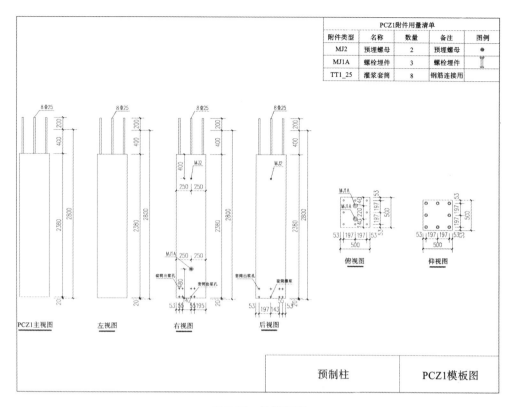

图 2-25 柱模板图

2.3.3 叠合梁构造与识图

 学习目标

①理解叠合梁及其连接构造。

②读懂预制梁构件详图及连接构造详图。

 知识解读

1. 构造要求

钢筋混凝土叠合梁包括预制梁和后浇层,可用作框架梁和非框架梁。用作框架梁和非框架梁的叠合梁如图 2-27 所示。

（1）叠合梁截面形状与尺寸

采用叠合梁时,楼板一般采用叠合板,梁、板的后浇层同时浇筑。叠合梁通常采用矩形截面,用作框架梁时后浇混凝土叠合层厚度不宜小于 150 mm,用作非框架梁时后浇混凝土叠合层厚度不宜小于 120 mm,如图 2-28(a)所示。当板的总厚度较小且小于梁的最小后浇层厚度时,为增加梁的后浇层厚度,可采用如图 2-28(b)所示矩形凹口截面叠合梁或如图

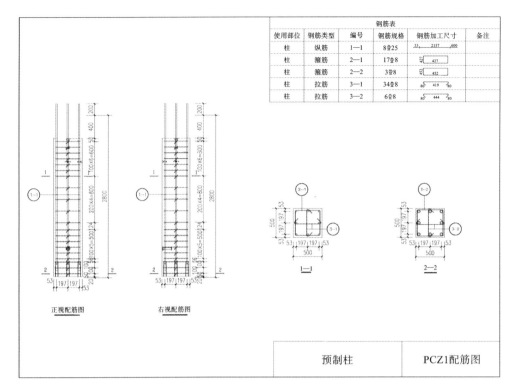

钢筋表					
使用部位	钢筋类型	编号	钢筋规格	钢筋加工尺寸	备注
柱	纵筋	1—1	8⏀25	33 | 2157 | 600	
柱	箍筋	2—1	17⏀8	427	
柱	箍筋	2—2	3⏀8	452	
柱	拉筋	3—1	34⏀8	80 | 419 | 80	
柱	拉筋	3—2	6⏀8	80 | 444 | 80	

预制柱	PCZ1配筋图

图 2-26　柱配筋图

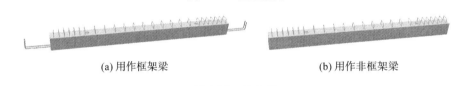

(a) 用作框架梁　　　　　　　　　(b) 用作非框架梁

图 2-27　叠合梁

2-28(c)所示梯形凹口截面叠合梁,凹口深度不宜小于 50 mm,凹口边厚度不宜小于 60 mm。

用于边梁的叠合梁,预制梁可在临边处浇筑混凝土至叠合层顶面,以避免支模,上边缘厚度不宜小于 60 mm,如图 2-28(d)所示;也可采用如图 2-28(e)所示矩形凹口截面叠合梁或如图 2-28(f)所示梯形凹口截面叠合梁。

预制梁的梁长一般为梁的净跨度加上两端各伸入支座 10～20 mm。当梁长较长或搁置次梁时,也可分段预制,现场拼接。

（2）预制梁的顶面和端面构造

预制梁与后浇混凝土叠合层之间的结合面应设置粗糙面;预制梁的端面应设置键槽,且宜设置粗糙面;粗糙面凹凸深度不应小于 6 mm。键槽可采用贯通截面和不贯通截面的形式,键槽的设置需满足计算及构造设计要求,键槽深度不宜小于 30 mm,宽度不宜小于深度的 3 倍且不宜大于深度的 10 倍,键槽间距宜等于键槽宽度;键槽端部斜面倾角不宜大于 30°,非贯通键槽槽口距离截面边缘不宜小于 50 mm,如图 2-29 所示。

（3）配筋

叠合梁的配筋按计算和构造要求确定,包括纵筋、箍筋和拉筋。

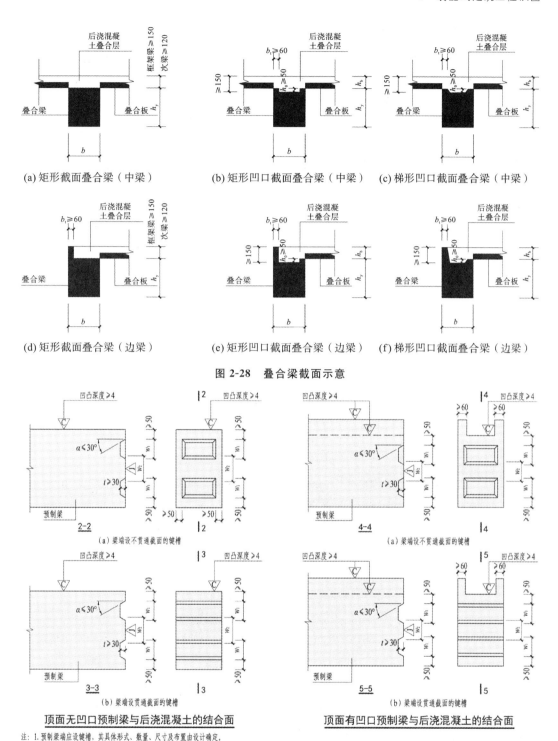

(a) 矩形截面叠合梁（中梁）　(b) 矩形凹口截面叠合梁（中梁）　(c) 梯形凹口截面叠合梁（中梁）

(d) 矩形截面叠合梁（边梁）　(e) 矩形凹口截面叠合梁（边梁）　(f) 梯形凹口截面叠合梁（边梁）

图 2-28　叠合梁截面示意

(a) 梁端设不贯通截面的键槽　　　　　(a) 梁端设不贯通截面的键槽

(b) 梁端设贯通截面的键槽　　　　　(b) 梁端设贯通截面的键槽

顶面无凹口预制梁与后浇混凝土的结合面　　　　**顶面有凹口预制梁与后浇混凝土的结合面**

注：1. 预制梁端应设键槽，其具体形式、数量、尺寸及布置由设计确定。
　　2. 预制梁顶面与槽口底面应设置粗糙面，粗糙面的面积不小于结合面的80%。
　　3. 图中w_1为后浇键槽根部宽度，w_2为预制键槽根部宽度，t为键槽深度，α为键槽
　　　侧边倾斜角度，键槽尺寸满足：$3t \leqslant w_1 \leqslant 10t$，$3t \leqslant w_2 \leqslant 10t$，且$w_1$宜等于$w_2$。

图 2-29　梁端键槽构造示意

①纵筋。预制梁的纵向钢筋包括梁下部受力钢筋、上部构造钢筋、梁侧构造钢筋。当预制梁为边梁时，往往配置一根上部受力钢筋，如图2-30所示叠合梁上部受力钢筋配置在后浇层中。

预制梁下部纵向受力钢筋一般伸出两端，在后浇节点区内锚固或与对侧钢筋对接连接，为保证钢筋锚固，外伸钢筋有时还需要弯折或在端部设置锚固板。对接连接形式有钢筋端部机械连接、焊接或绑扎搭接、灌浆套筒连接等。用作非

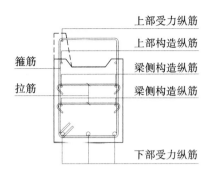

图2-30 叠合梁梁断面钢筋示意

框架梁的下部受力钢筋也可不伸出预制梁，但应在钢筋端部设置机械套筒，安装就位后连接锚固钢筋。梁侧构造钢筋一般不伸入节点区，如需伸入，可在构造钢筋端部设置机械套筒，连接伸入节点的钢筋。具体如图2-31所示。

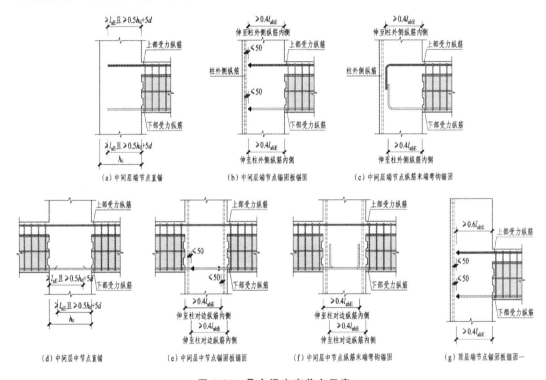

图2-31 叠合梁支座节点示意

②箍筋。在施工条件允许的情况下，叠合梁箍筋宜采用闭口箍筋，如图2-32(a)所示，在抗震等级为一、二级的叠合框架梁梁端加密区中应尽量采用闭口箍筋。当采用闭口箍筋不便安装上部纵筋时，可采用组合封闭箍筋，即开口箍筋加箍筋帽的形式，如图2-32(b)所示。开口箍及箍筋帽两端均采用135°弯钩；筋弯钩端头平直段长度抗震构件不应小于10d，非抗震构件不应小于5d。箍筋常采用双肢箍或四肢箍，采用四肢箍时，为便于纵筋定位，设计应明确箍筋肢距。

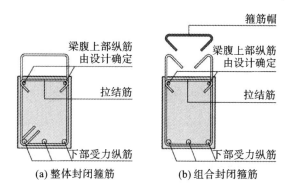

图 2-32 叠合梁支座节点示意

③拉筋。叠合梁的拉筋配置可参照现浇混凝土结构选用。

（4）预埋件设置

叠合梁的预埋件主要有吊装预埋件、支模套筒和构造柱插筋。吊装预埋件设置的预制顶面，支模套筒的位置一般在边梁的外侧。

2. 叠合梁连接构造

（1）预制梁的分段与对接连接构造

叠合梁如采用对接连接，连接处应设置后浇段，后浇段的长度应满足梁下部纵向钢筋连接作业的空间需求。梁下部纵向钢筋在后浇段内宜采用机械连接、套筒灌浆连接或焊接连接；后浇段内的箍筋应进行加密设计，箍筋间距不应大于 $5d$（d 为纵向钢筋直径），且不应大于 100 mm，如图 2-33 所示。

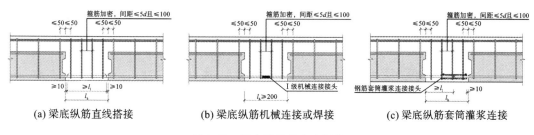

图 2-33 叠合梁连接节点示意

（2）主次梁节点构造

主、次梁交接处，可在主梁上预留槽口或后浇段，具体构造要求如图 2-34 所示。在端部节点处，次梁下部纵向钢筋伸入主梁后浇段内的长度不应小于 $12d$，次梁上部纵向钢筋应在主梁后浇段内锚固，当采用弯折锚固时，锚固直段长度不应小于 $0.6l_{ab}$；当钢筋应力不大于钢筋强度设计值的 50% 时，锚固直段长度不应小于 $0.35l_{ab}$；弯折锚固的弯折后直段长度不应小于 $12d$（d 为纵向钢筋直径），如图 2-35（a）所示。在中间节点处，两侧次梁的下部纵向钢筋伸入主梁后浇段内长度不应小于 $12d$（d 为纵向钢筋直径）；次梁上部纵向钢筋应在现浇层内贯通，如图 2-35（b）所示。

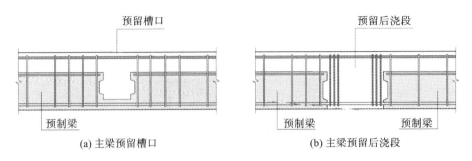

图 2-34 预留槽口后后浇段示意

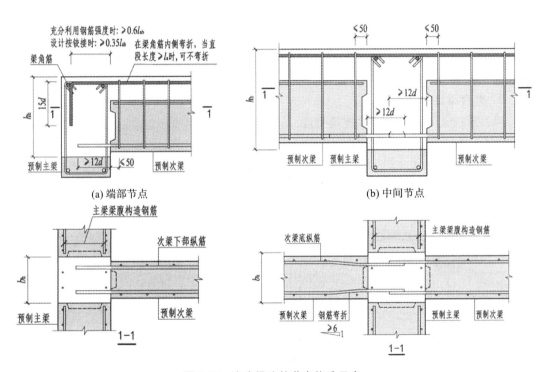

图 2-35 主次梁连接节点构造示意

主次梁连接构造也可采用如图 2-36 所示次梁上设置牛担板的形式。在主梁上预留槽口，并设置钢板预埋件，在次梁端部设置牛担板，搁置在槽口上并现场施焊。这种做法次梁端部的箍筋需加密，下部纵筋不伸出梁端面，上部纵筋需贯穿节点区或锚入节点区。

主、次梁连接节点除在主梁上预留槽口或后浇段、在次梁上设牛担板外，还有多种形式，见表 2-7，具体构造详图详见有关资料。

（3）框架梁柱节点

采用预制柱及叠合梁的装配整体式框架节点，梁纵向受力钢筋应伸入后浇节点区内锚固或连接，各节点构造要求如下。

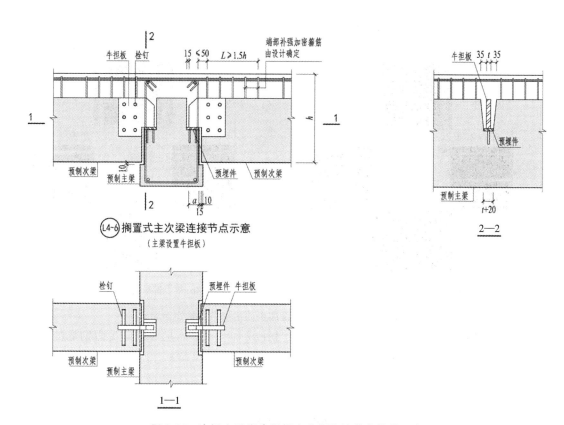

图 2-36　次梁上设置牛担板主次梁连接节点构造示意

表 2-7　主、次梁节点构造

主、次梁节点类型	主 梁 构 造	次 梁 构 造
主梁预留后浇槽口	预留后浇槽口	钢筋锚入长度≥12d
次梁端设后浇段	预留外伸钢筋或钢筋套筒接外伸钢筋	下部受力钢筋伸出梁端面,与主梁钢筋连接
次梁端设槽口	预留外伸钢筋或钢筋套筒接外伸钢筋	下部受力钢筋伸出梁端面,伸入槽口下方,与主梁钢筋搭接连接
主梁设钢牛腿	设置钢牛腿	下部受力钢筋梁内弯锚,梁端搁置在钢筋牛腿上
主梁设挑耳	主梁设挑耳	下部受力钢筋梁内弯锚,梁端搁置在钢筋挑耳上;或次梁为缺口梁
次梁设牛担板	主梁预留缺口和预埋件	次梁端设牛担板,端部补强加密箍筋

　　①框架中间层中节点。如图 2-37 所示,节点两侧的梁下部纵向受力钢筋宜锚固在后浇节点区内,也可采用机械连接或焊接的方式直接连接;梁的上部纵向受力钢筋应贯穿后浇节点区。

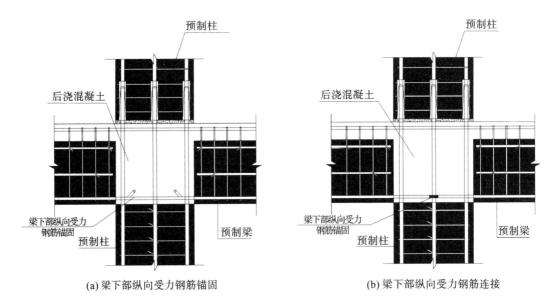

(a) 梁下部纵向受力钢筋锚固   (b) 梁下部纵向受力钢筋连接

图 2-37　预制柱及叠合梁框架中间层中节点构造示意

②框架中间层端节点。如图 2-38 所示,当柱截面尺寸不满足梁纵向受力钢筋的直线锚固要求时,宜采用锚固板锚固,也可采用 90°弯折锚固。

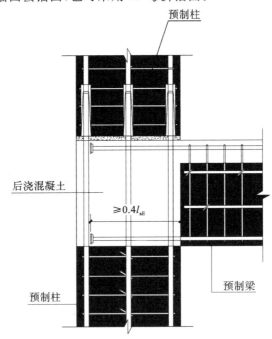

图 2-38　预制柱及叠合梁框架中间层端节点构造示意

③框架顶层中节点。如图 2-39 所示,节点两侧的梁下部纵向受力钢筋宜锚固在后浇节点区内,也可采用机械连接或焊接的方式直接连接;梁的上部纵向受力钢筋应贯穿后浇节点区。柱纵向受力钢筋宜采用直线锚固;当梁截面尺寸不满足直线锚固要求时,宜采用锚固板锚固。

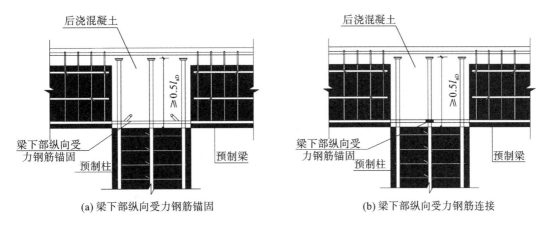

(a) 梁下部纵向受力钢筋锚固　　　　　　　(b) 梁下部纵向受力钢筋连接

图 2-39　预制柱及叠合梁框架顶层中节点构造示意

④框架顶层端节点。如图 2-40 所示，梁下部纵向受力钢筋应锚固在后浇节点区内，且宜采用锚固板的锚固方式。柱宜伸出屋面并将柱纵向受力钢筋锚固在伸出段内，伸出段长度不宜小于 500 mm，伸出段内箍筋间距不应大于 $5d$（d 为柱纵向受力钢筋直径），且不应大于 100 mm；柱纵向钢筋宜采用锚固板锚固，锚固长度不应小于 $40d$；梁上部纵向受力钢筋宜采用锚固板锚固。柱外侧纵向受力钢筋也可与梁上部纵向受力钢筋在后浇节点区搭接，柱内侧纵向受力钢筋宜采用锚固板锚固。

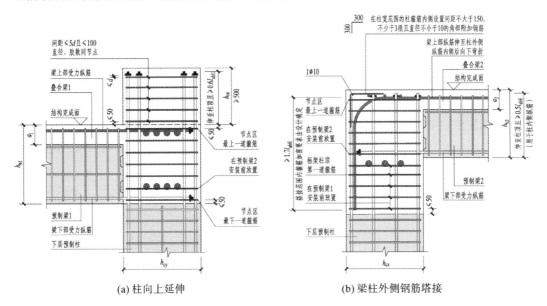

(a) 柱向上延伸　　　　　　　　　　　(b) 梁柱外侧钢筋塔接

图 2-40　预制柱及叠合梁框架顶层端节点构造示意

（4）梁纵向钢筋在节点区外的后浇段内连接构造

采用预制柱及叠合梁的装配整体式框架节点，梁下部纵向受力钢筋也可伸至节点区外的后浇段内连接，如图 2-41 所示，连接接头与节点区的距离不应小于 $1.5h_0$（h_0 为梁截面有效高度）。

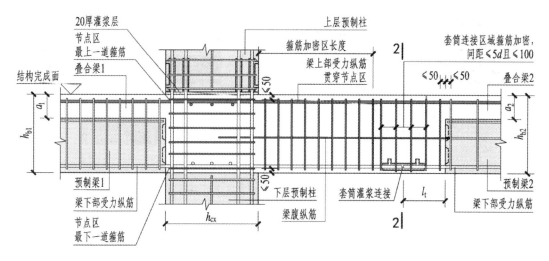

图 2-41　梁纵向钢筋在节点区外的后浇段内连接构造示意

3. 叠合梁构件详图

叠合梁大样图如图 2-42 所示。

2.3.4　预制剪力墙构造与识图

学习目标

①理解预制剪力墙及其连接构造。

②熟悉国家建筑标准设计图集《预制混凝土剪力墙外墙板》(15G365-1)和《预制混凝土剪力墙内墙板》(15G365-2)。

③了解预制混凝土剪力墙外墙板和内墙板的规格、编号及选用方法。

④读懂预制混凝土剪力墙外墙板和内墙板构件详图及连接构造详图。

知识解读

本项目结合国家建筑标准设计图集《预制混凝土剪力墙外墙板》(15G365-1)和《预制混凝土剪力墙内墙板》(15G365-2),重点介绍非组合式承重预制混凝土夹心保温外墙板(简称预制外墙板)和预制混凝土剪力墙内墙板(简称预制内墙板)部品构件的适用范围、规格、编号、选用方法、构件制作详图和连接构造。

1. 构造要求

预制剪力墙包括预制混凝土剪力墙外墙板和预制混凝土剪力墙内墙板,如图 2-43 所示。

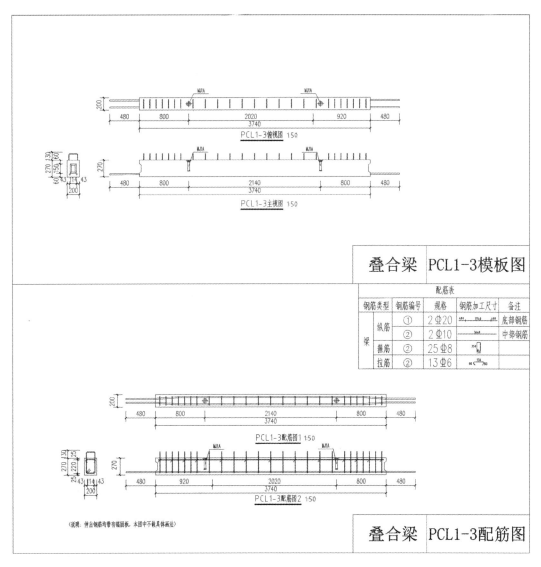

图 2-42 叠合梁大样图

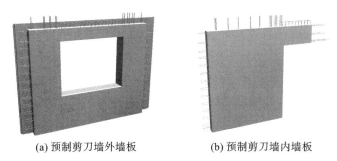

(a) 预制剪刀墙外墙板   (b) 预制剪刀墙内墙板

图 2-43 预制剪力墙示意图

预制剪力墙可结合建筑功能和结构平立面布置的要求,根据构件的生产、运输和安装能力,确定预制构件的形状和大小,宜采用一字形,也可采用 L 形、T 形或 U 形。

采用一字形的预制剪力墙相当于现浇剪力墙的墙身部位,分为开洞和不开洞两种类型。不开洞的剪力墙一般配置双层双向钢筋网片,水平钢筋伸出两侧锚入后浇墙柱,部分竖向钢筋伸出混凝土顶面与上层墙体连接。开洞的预制剪力墙洞口宜居中布置,洞口两侧的墙肢宽度不应小于 200 mm,洞口上方连梁高度不宜小于 250 mm。设置大洞口的预制剪力墙,一般在洞边设置边缘构件(开有两个洞口的预制剪力墙洞间墙一般不设边缘构件,仍按构造配筋),不开洞部分一般配置双层双向钢筋网片,水平钢筋伸出两侧锚入后浇墙柱,边缘构件竖向钢筋和部分墙身竖向钢筋伸出混凝土顶面与上层墙体连接。端部无边缘构件的预制剪力墙,宜在端部配置 2 根直径不小于 12 m 的竖向构造钢筋;沿该钢筋竖向应配置拉筋,拉筋直径不宜小于 6 mm、间距不宜大于 250 mm。对预制墙板边缘配筋适当加强是为了形成边框,保证墙板在形成整体结构之前的刚度、延性及承载力。

预制剪力墙开有边长小于 800 mm 的洞口且在结构整体计算中不考虑其影响时,应沿洞口周边配置补强钢筋;补强钢筋的直径不应小于 12 mm,截面面积不应小于同方向被洞口截断的钢筋面积;该钢筋自孔洞边角起算伸入墙内的长度,非抗震设计时不应小于 l_a,抗震设计时不应小于 l_{aE},如图 2-44 所示。预制剪力墙的连梁不宜开洞;当需开洞时,洞口宜预埋套管,洞口上、下截面的有效高度不宜小于梁高的 1/3,且不宜小于 200 mm;被洞口削弱的连梁截面应进行承载力验算,洞口处应配置补强纵向钢筋和箍筋,补强纵向钢筋的直径不应小于 12 mm,如图 2-45 所示。

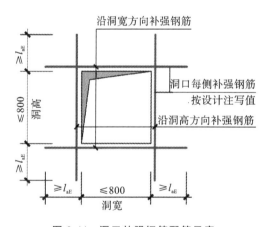

图 2-44　洞口补强钢筋配筋示意

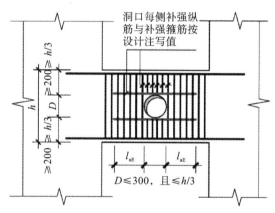

图 2-45　连梁洞口示意

当预制剪力墙采用套筒灌浆连接时,自套筒底部至套筒顶部并向上 300 mm 范围内,预制剪力墙的水平分布筋应加密,如图 2-46 所示。加密区水平分布筋的最大间距及最小直径应符合表 2-8 的规定,套筒上端第一道水平分布钢筋距离套筒顶部不应大于 50 mm。对该区域的水平分布筋的加强,是为了提高墙板的抗剪能力和变形能力,并使该区域的塑性铰可以充分发展,提高墙板的抗震性能。

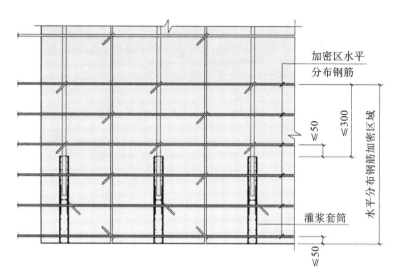

图 2-46 钢筋套筒灌浆连接部位水平钢筋的加密构造示意

表 2-8 加密区水平分布钢筋的要求

抗 震 等 级	最大间距/mm	最小直径/mm
一、二级	100	8
三、四级	150	8

预制夹心外墙板在国内外均有广泛的应用,具有结构、保温、装饰一体化的特点。预制夹心外墙板根据其在结构中的作用,可以分为承重墙板和非承重墙板两类。作为承重墙板时,它与其他结构构件共同承担垂直力和水平力;作为非承重墙板时,它仅作为外围护墙体使用。预制夹心外墙板根据其内、外叶墙板间的连接构造,又可以分为组合墙板和非组合墙板。组合墙板的内、外叶墙板可通过拉结件的连接共同工作;非组合墙板的内、外叶墙板不共同受力,外叶墙板仅作为荷载,通过拉结件作用在内叶墙板上。鉴于我国对于预制夹心外墙板的科研成果和工程实践经验都还较少,在实际工程中,通常采用非组合墙板。当作为承重墙时,内叶墙板的要求与普通剪力墙板的要求完全相同。

当预制外墙采用夹心墙板时,外叶墙板厚度不应小于 50 mm,且外叶墙板应与内叶墙板可靠连接;夹心外墙板的夹层厚度不宜大于 120 mm;当作为承重墙时,内叶墙板应按剪力墙进行设计。预制剪力墙的顶部和底部与后浇混凝土的结合面应设置粗糙面,侧面与后浇混凝土的结合面应设置粗糙面,也可设置键槽;键槽深度不宜小于 20 m,宽度不宜小于深度的 3 倍且不宜大于深度的 10 倍,键槽间距宜等于键槽宽度,键槽端部斜面倾角不宜大于 30°。粗糙面的面积不宜小于结合面的 80%,粗糙面凹凸深度不应小于 6 mm。图集中的预制剪力墙板侧面按图 2-47 设置键槽。

2. 适用范围及材料

预制外墙板和预制内墙板的适用范围基本相同,适用于非抗震设计和抗震设防烈度

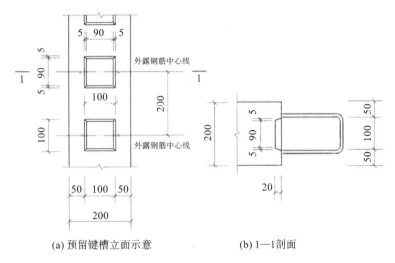

(a) 预留键槽立面示意   (b) 1—1剖面

图 2-47　剪力墙两侧键槽示意

为 6～8 度地区的高层装配整体式剪力墙结构住宅,结构应具有较好的规则性,剪力墙为构造配筋。其他类型的建筑可参考选用。不适用于地下室、底部加强部位及相邻上一层、电梯井筒剪力墙、顶层剪力墙。上下层预制内墙板的竖向钢筋采用套筒灌浆连接。相邻预制内墙板之间的水平钢筋采用整体式接缝连接。预制外墙板和预制内墙板均有三种层高,分别为 2.8 m、2.9 m 和 3.0 m。外墙板门窗洞口宽度尺寸采用的模数均为 3M,承重内叶墙板厚度为 200 mm,外叶墙板厚度为 60 mm,中间夹心保温层厚度为 30～100 mm;内墙板门窗洞口尺寸分为 900 mm 和 1000 mm 两种,预制内墙板厚度为 200 mm。楼板和预制阳台板的厚度为 130 mm,建筑面层做法厚度分为 50 mm 和 100 mm 两种。当具体工程项目中墙板尺寸与上述规定不符时,可参考图集另行设计。

混凝土强度等级不应低于 C30,除外叶墙板中钢筋采用冷轧带肋钢筋外,其他钢筋均采用 HRB400(C)。钢材采用 Q235-B 级钢材。预制外墙板保温材料采用挤塑聚苯板(XPS)。

图集中的预制外墙板和预制内墙板安全等级为二级,设计使用年限为 50 年。外墙板的外叶墙板按环境类别二 a 类设计,最外层钢筋保护层厚度按 20 mm 设计;外墙板的内叶墙板按环境类别一类设计,钢筋最小保护层厚度按 15 mm 设计。

3．预制外墙板的规格、编号与选用方法

非组合式预制外墙板主要包括内叶墙板、挤塑聚苯板保温材料和外叶墙板三部分,保温材料置于内、外叶墙板之间,内叶墙板、保温材料一次成型,外叶墙板通过贯穿保温层的拉结件与内叶墙板相连,外叶墙板仅作为荷载,不参与结构受力。

（1）规格与编号

①内叶墙板。内叶墙板的类型有无洞口外墙、一个窗洞外墙(高窗台)、一个窗洞外墙(矮窗台)、两个窗洞外墙和一个门洞外墙,分别按以下规则编号,参见表 2-9。

表 2-9 墙板编号规则示例

序号	墙板类型	编号规则
1	无洞口外墙	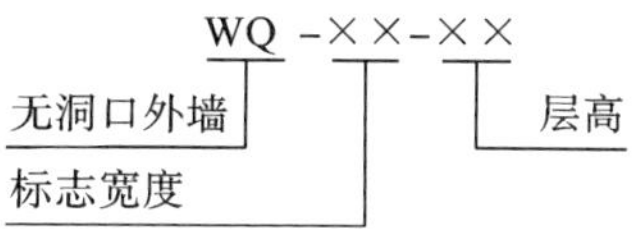 WQ -××-×× 无洞口外墙 标志宽度 层高
2	一个窗洞外墙（高窗台）	 WQC1-××××-×××× 一个窗洞外墙 高窗台 标志宽度 层高 窗高 窗宽
3	一个窗洞外墙（矮窗台）	 WQCA-××××-×××× 一个窗洞外墙 矮窗台 标志宽度 层高 窗高 窗宽
4	两个窗洞外墙	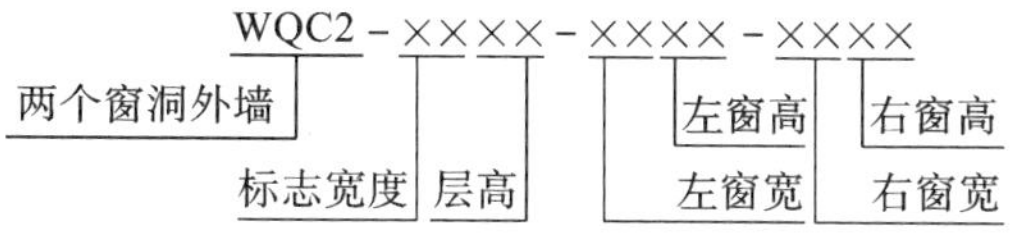 WQC2-××××-××××-×××× 两个窗洞外墙 标志宽度 层高 左窗高 右窗高 左窗宽 右窗宽
5	一个门洞外墙	 WQM-××××-×××× 一个门洞外墙 标志宽度 层高 门高 门宽

各种墙板编号示例见表 2-10。

表 2-10 墙板编号示例表 （单位:mm）

墙板类型	示意图	墙板编号	标志宽度	层高	门/窗宽	门/窗高	门/窗宽	门/窗高
无洞口外墙	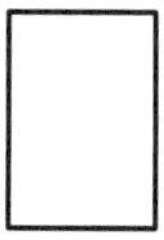	WQ-2428	2400	2800	—	—	—	—
一个窗洞外墙（高窗台）	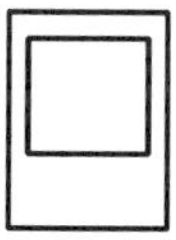	WQC1-3028-1514	3000	2800	1500	1400	—	—

墙板类型	示 意 图	墙 板 编 号	标志宽度	层高	门/窗宽	门/窗高	门/窗宽	门/窗高
一个窗洞外墙（矮窗台）		WQCA-3029-1517	3000	2900	1500	1700	—	—
两个窗洞外墙		WQC2-4830-0615-1515	4800	3000	600	1500	1500	1500
一个门洞外墙		WQM-3628-1823	3600	2800	1800	2300	—	—

②外叶墙板。外叶墙板与内叶墙板对应,分为标准外叶墙板和带阳台板外叶墙板(图 2-48)。标准外叶墙板编号为 wy1(a、b),按实际情况标注 a、b,当 a 均为 290 时,仅注写 wy1;带阳台板外叶墙板编号为 wy2(a、b、c_L,或 c_R、d_L 或 d_R),按外叶墙板实际情况标注 a、b、c_L,或 c_R、d_L 或 d_R。特别需要注意的是,左右方向是从内向外的方向。

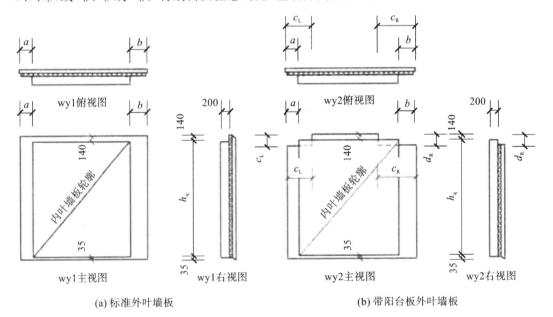

(a) 标准外叶墙板   (b) 带阳台板外叶墙板

图 2-48　外叶墙板类型图(内表面视图)

（2）选用方法

选用预制外墙板,首先要确定各参数与图集适用范围要求是否一致,并在施工图中统一说明;然后根据结构平面布置、结构计算分析结果,以及外墙板门窗洞口位置及尺寸、墙板标志宽度及层高,确定预制外墙板内叶墙板、外叶墙板编号;再结合生产施工实际需求,确定预埋件、拉结件。此外,还需结合设备专业设计图纸,选用电线盒预埋位置,补充预制外墙板中其他设备孔洞及管线。当房屋开间尺寸与图集预制外墙板标志宽度不同时,可调整后浇段长度来满足选用要求。

4. 预制内墙板规格、编号及选用方法

（1）规格与编号

预制内墙板主要有无洞口内墙、固定门垛内墙、中间门洞内墙、刀把内墙几种,分别按以下规则编号。各种内墙板编号规则示例见表2-11。

表 2-11　内墙板编号规则示例

序号	墙板类型	编号规则
1	无洞口内墙	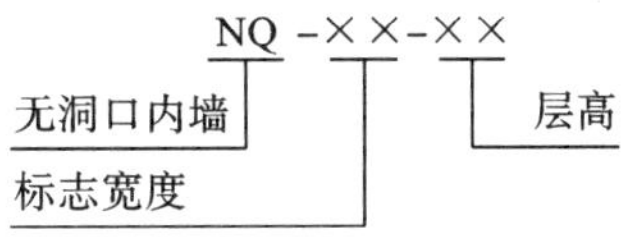 NQ－××－××　无洞口内墙　层高　标志宽度
2	固定门垛内墙	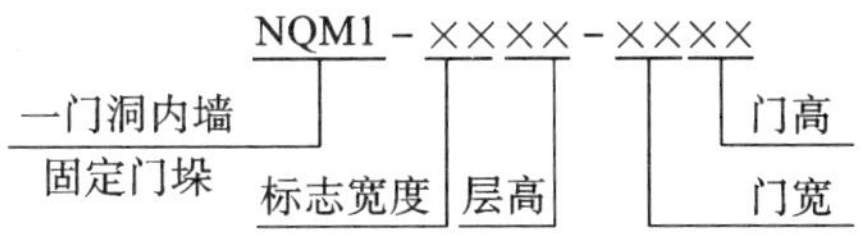 NQM1－××××－××××　一门洞内墙　固定门垛　标志宽度　层高　门高　门宽
3	中间门洞内墙	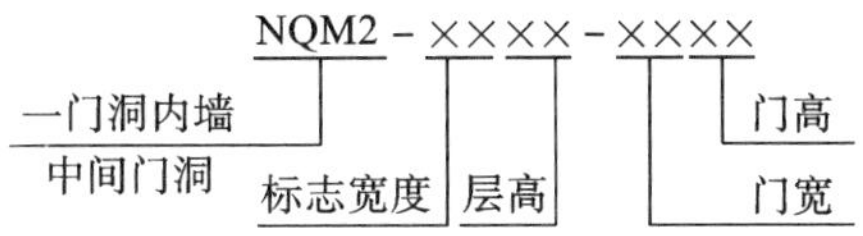 NQM2－××××－××××　一门洞内墙　中间门洞　标志宽度　层高　门高　门宽
4	刀把内墙	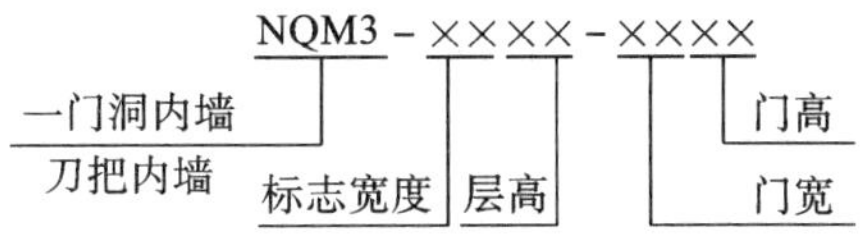 NQM3－××××－××××　一门洞内墙　刀把内墙　标志宽度　层高　门高　门宽

各种内墙板编号示例见表2-12。

表 2-12　内墙板编号示例表　　　　　　　（单位:mm）

墙板类型	示意图	墙板编号	标志宽度	层高	门宽	门高
无洞口内墙	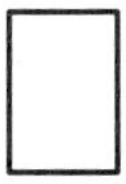	NQ-2128	2100	2800	—	—

墙板类型	示　意　图	墙板编号	标志宽度	层高	门宽	门高
固定门垛内墙		NQM1-3028-0921	3000	2800	900	2100
中间门洞内墙		NQM2-3029-1022	3000	2900	1000	2200
刀把内墙		NQM3-3330-1022	3300	3000	1000	2200

（2）选用方法

内墙板分段自由，可根据具体工程的户型布置和墙段长度，结合图集中的墙板类型和尺寸，将内墙板分段，通过调整后浇段长度，使预制构件均能够直接选用标准墙板，具体工程设计若与图集中的墙板模板配筋相差较大，可参考图集中相关构件详图，重新进行构件设计。

预制内墙板与预制外墙板的选用方法基本一致。首先要确定各参数与图集适用范围要求是否一致，并在施工图中统一说明；然后根据结构平面布置、结构计算分析结果，以及内墙板门窗洞口位置及尺寸、墙板标志宽度及层高，确定预制内墙板编号；再结合生产施工实际需求，确定预埋件、拉结件。此外，还需结合设备专业图纸，选用电线盒预埋位置，补充预制内墙板中其他设备孔洞及管线。当房屋尺寸与图集预制内墙板标志宽度不同时，可局部调整后浇段后选用。

5．构件详图

（1）预制外墙板

下面以图2-48(a)为例来说明预制外墙板（WQC1-2728-1214wy1）的构造，详图参见图2-49～图2-51。图中清楚地表达出非组合式预制外墙板三个组成部分：内叶墙板、挤塑聚苯板保温材料和外叶墙板。

内叶墙板是结构受力部分，墙厚200 mm，分为三个部分：洞边边缘构件、洞口上方连梁、窗下墙。洞边边缘构件共配置12Φ16纵向钢筋，剪力墙边配置4Φ10加强筋，并通过水平筋形成骨架。洞口上方连梁的配筋包括梁上部纵筋、下部纵筋和梁侧构造钢筋，均伸出剪力墙两侧，锚入后浇段。窗下墙部位配置双向钢筋网片，并可在墙中填充聚苯板以减轻墙板的重量。

外叶墙板厚60 mm，内配置Φ^R5@150双向钢筋网片，洞四角配置加强钢筋。

内外叶墙板间为挤塑聚苯板保温材料，厚度按设计要求确定，本详图为70 mm厚。连接件是连接预制混凝土夹心保温墙体的内、外侧混凝土墙板与中间夹心保温层的关键部件，其受力性能直接影响墙体的安全性。近年来，预制混凝土夹心保温墙体大多采用纤维增强塑料（FRP）连接件（图2-52），FRP连接件具有强度高、导热系数低的特点，可有效

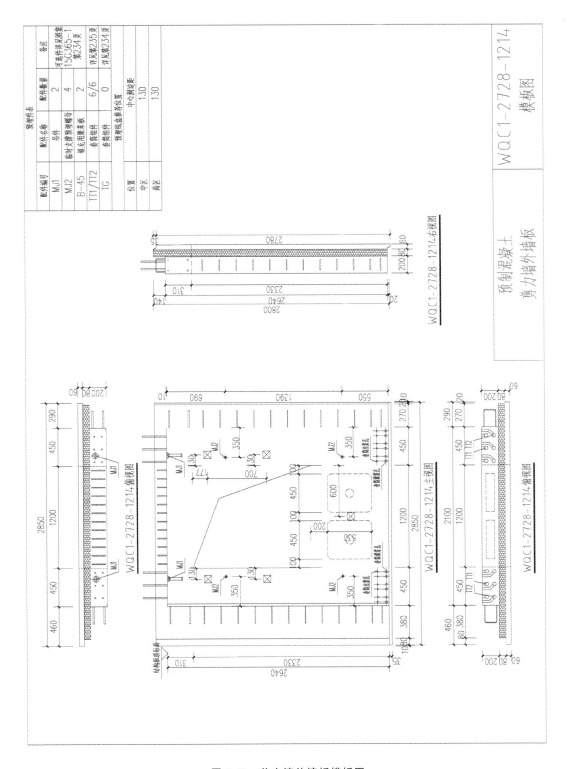

图 2-49　剪力墙外墙板模板图

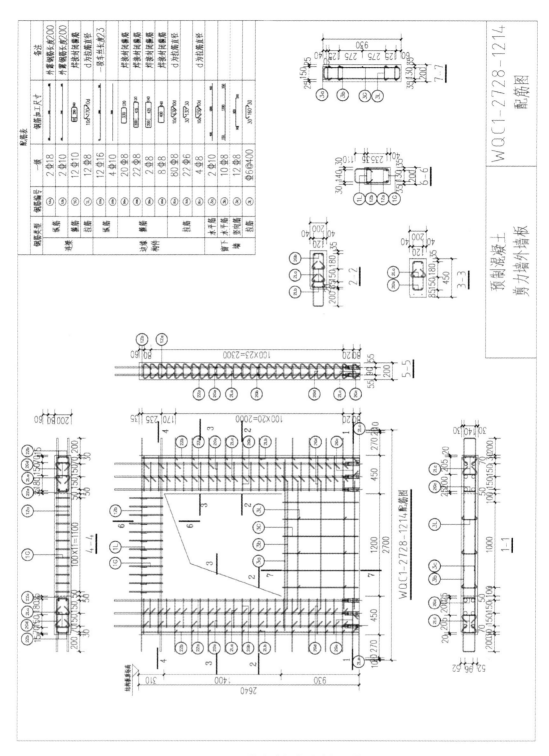

图 2-50　剪力墙外墙板内叶墙板配筋图

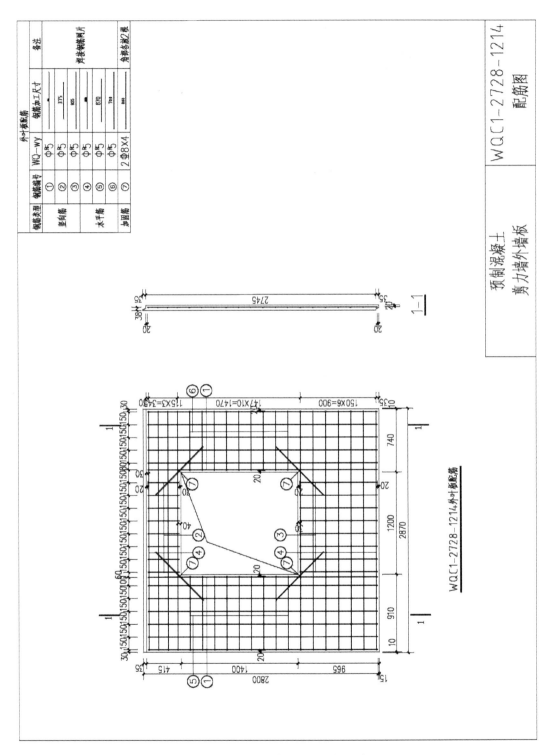

图 2-51 剪力墙外墙板外叶墙板配筋图

减小墙体的传热系数,提高墙体安全性与耐久性。不锈钢连接件也是夹心保温外墙板常用的内外叶墙板连接形式。

图 2-52　纤维增强塑料(FRP)连接件

预制外墙板的预埋件主要包括脱模预埋件、吊装预埋件和临时支撑预埋件。吊装预埋件安装在墙顶,一般设置 2 个;临时支撑预埋件一般每片墙 4 个,可兼作脱模预埋件。此外,预制墙板内还需预留线盒。

(2)预制内墙板

以图 2-43(b)为例说明预制内墙板(NQM3-3028-0921)的构造,详图参见图 2-53 和图 2-54。图示预制内墙板分为三部分:边缘构件、连梁和墙身。门洞边的边缘构件分别配置 6φ16 钢筋,下端与灌浆套筒连接,上端伸出混凝土顶面与上层内墙板连接,配置箍筋和拉筋。连梁部位需配置梁下部钢筋、上部受力钢筋和梁侧构造钢筋,用箍筋伸出顶面与后浇叠合板连接。墙身部位配置双层双向钢筋网片,竖向分布钢筋按直径大小间隔放置,其中大直径钢筋需与上层连接,小直径钢筋锚入墙内。

预制内墙板的预埋件设置同预制外墙板,但在门洞两侧需设置预埋内螺栓,在运输、吊装阶段安装角钢,以保护构件。

6. 连接构造

预制剪力墙墙板的连接构造主要包括竖向后浇段、后浇钢筋混凝土圈梁、水平后浇段和墙底部接缝。

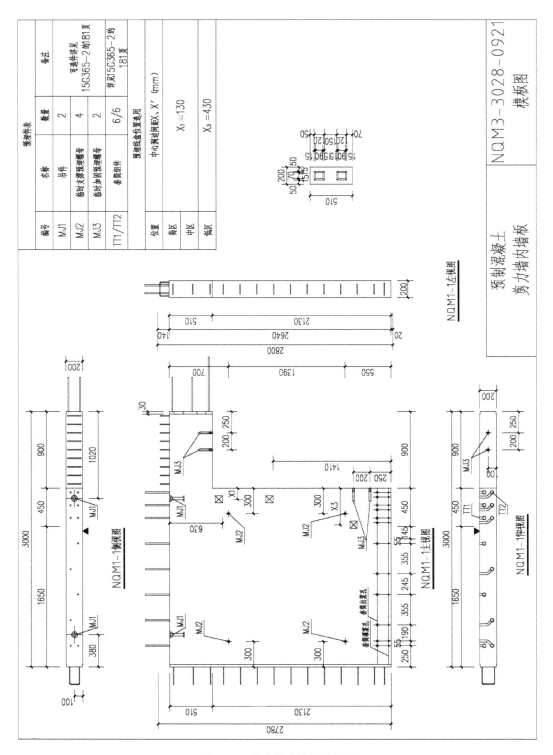

图 2-53　剪力墙内墙板模板图

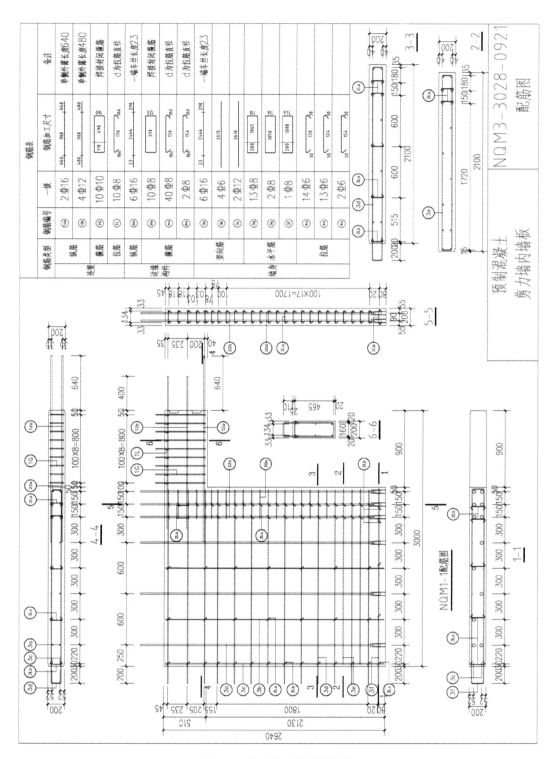

图 2-54　剪力墙内墙板配筋图

（1）竖向后浇段

楼层内相邻预制剪力墙之间应采用整体式接缝连接。后浇段的类型主要有 L 形后浇段、T 形后浇段、一字形后浇段，如图 2-55 所示，后浇段尺寸可根据需要进行调整。后浇段混凝土强度等级由设计确定：结构抗震等级为一级时，后浇段的混凝土强度等级不低于 C35；结构抗震等级为二、三、四级时，后浇段的混凝土强度等级不低于 C30。后浇段竖向钢筋直径及间距应结合墙板竖向钢筋，根据计算结果和构造要求配置。

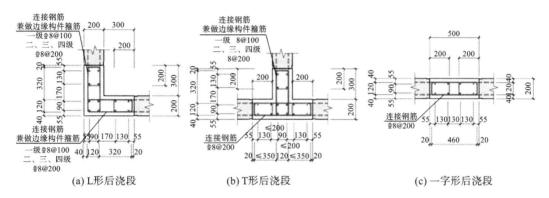

(a) L形后浇段　　　(b) T形后浇段　　　(c) 一字形后浇段

图 2-55　预制剪力墙后浇段连接节点

（2）后浇钢筋混凝土圈梁

屋面以及立面收进的楼层，应在预制剪力墙顶部设置封闭的后浇钢筋混凝土圈梁，如图 2-56 所示圈梁截面宽度不应小于剪力墙的厚度，截面高度不宜小于楼板厚度及 250 mm 的较大值；圈梁应与现浇或者叠合楼、屋盖浇筑成整体。圈梁内配置的纵向钢筋不应少于 4Φ12，且按全截面计算的配筋率不应小于 0.5% 和水平分布筋配筋率的较大值，纵向钢筋竖向间距不应大于 200 mm；箍筋间距不应大于 200 mm，且直径不应小于 8 mm。

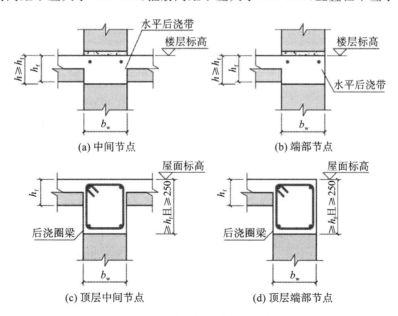

(a) 中间节点　　　　　　　　　(b) 端部节点

(c) 顶层中间节点　　　　　　　(d) 顶层端部节点

图 2-56　后浇钢筋混凝土圈梁

（3）水平后浇段

各层楼面位置,预制剪力墙顶部无后浇圈梁时,应设置连续的水平后浇段,如图 2-57 所示,水平后浇段宽度应取剪力墙的厚度,高度不应小于楼板厚度;水平后浇段应与现浇或者叠合楼、屋盖浇筑成整体;水平后浇段内应配置不少于 2 根连续纵向钢筋,其直径不宜小于 12 mm。

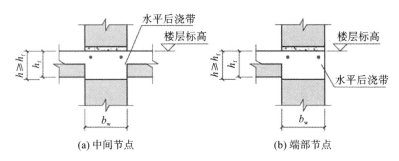

图 2-57　水平后浇段

（4）墙底部接缝

预制剪力墙底部接缝宜设置在楼面标高处,并应符合下列规定:接缝高度宜为 20 mm;接缝宜采用灌浆料填实,接缝处后浇混凝土上表面应设置粗糙面。上下层预制剪力墙的竖向钢筋,当采用套筒灌浆连接和浆锚搭接连接时,边缘构件竖向钢筋应逐根连接;预制剪力墙的竖向分布钢筋,当仅部分连接时,如图 2-58 所示,被连接的同侧钢筋间

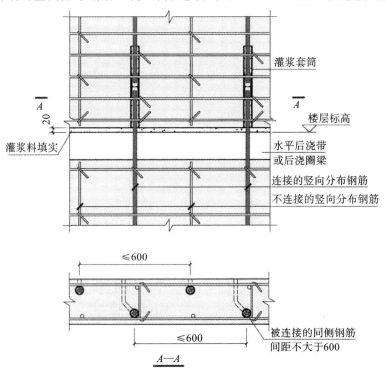

图 2-58　预制剪力墙竖向分布钢筋连接构造示意

距不应大于 600 mm，且在剪力墙构件承载力设计和分布钢筋配筋率计算中不得计入不连接的分布钢筋，不连接的竖向分布钢筋直径不应小于 6 mm；一级抗震等级剪力墙以及二、三级抗震等级底部加强部位，剪力墙的边缘构件竖向钢筋宜采用套筒灌浆连接。

2.3.5　桁架钢筋混凝土叠合板构造与识图

 学习目标

①理解桁架钢筋混凝土叠合板及其连接构造。

②熟悉国家建筑标准设计图集《桁架钢筋混凝土叠合板（60 mm 厚底板）》（15G366-1）。

③了解桁架钢筋混凝土叠合板的规格、编号及选用方法。

④读懂桁架钢筋混凝土叠合板构件详图与连接构造详图。

⑤了解桁架钢筋混凝土叠合板的预制板布置形式。

 知识解读

本项目结合国家建筑标准设计图集《桁架钢筋混凝土叠合板（60 mm 厚底板）》（15G366-1），重点介绍双向板和单向板部品构件的适用范围、规格、编号、选用方法、构件制作详图和连接构造。

1. 构造要求

装配整体式结构的楼盖宜采用叠合楼盖，叠合楼盖有多种形式，桁架钢筋混凝土叠合板是常用的叠合楼盖形式，包括底板和后浇面层两部分。底板按受力性能分为双向受力叠合板用底板（以下简称双向板底板）和单向受力叠合板用底板（以下简称单向板底板），双向板底板按所处楼盖中的位置不同，又分为边板和中板，如图 2-59 所示。

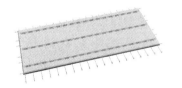 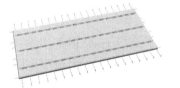 

(a) 双向板底板（边板）　　　(b) 双向板底板（中板）　　　(c) 单向板底板

图 2-59　桁架钢筋混凝土叠合板

叠合板的预制板厚度一般不宜小于 60 mm，但在采取可靠的构造措施的情况下（如设置桁架钢筋或板肋等，增加了预制板刚度），可以考虑将其厚度适当减小。后浇混凝土叠合层厚度不应小于 60 mm，叠合板后浇层最小厚度的规定考虑了楼板整体性要求以及管线预埋、面筋铺设、施工误差等因素。桁架钢筋混凝土叠合板底板钢筋包括钢筋桁架及钢筋网片。钢筋桁架由钢筋焊接而成，分为弦杆和腹杆，其中弦杆又分为上弦和下弦。钢筋桁架沿主要受力方向布置,距板边不应大于 300 mm,间距不宜大于 600 mm,钢筋桁架弦杆钢筋直径不宜小于 8 mm,腹杆钢筋直径不应小于 4 mm,桁架钢筋弦杆混凝土保护层厚度不应小于 15 mm。平行于钢筋桁架的底板钢筋与桁架下弦钢筋并排放置,垂直于钢筋桁架的底板钢筋放置在桁架下弦钢筋下方;后浇混凝土叠合层一般也需配置双向钢筋,沿主要受力方向的钢筋与桁架上弦钢筋平齐,另一方向的钢筋布置在桁架上弦钢筋之上,如图 2-60 所示,H_1 为桁架钢筋高度。

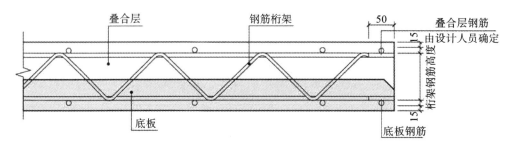

图 2-60 叠合板剖面图

叠合板底板主要受力方向(一般为预制板长方向)钢筋需伸出板边,锚入梁或墙的后浇混凝土中,单向板短方向钢筋不需伸出混凝土,双向板短方向钢筋需伸出混凝土锚入梁或墙的后浇混凝土中或与相邻板对接连接。预制板与后浇混凝土叠合层之间的结合面及四个侧面均应设置粗糙面。粗糙面的面积不宜小于结合面的 80%,预制板的粗糙面凹凸深度不应小于 4 mm。

叠合板底板一般无预埋件,叠合板的吊点设置在最外侧钢筋桁架的两端,如跨度 3600 mm 的板,吊点位置为距离端部 700 mm 最近的上弦节点,与吊点相邻的两个下弦节点处需放置垂直于钢筋桁架的钢筋,常用 2⌀8,长度 280 mm,其他跨度的预制板吊点位置详见图集。

2. 规格

《桁架钢筋混凝土叠合板(60 mm 厚底板)》(15G366-1)适用于环境类别为一类的住宅建筑楼、屋面叠合板用的底板(不包括阳台、厨房和卫生间),非抗震设计或抗震设防烈度为 6～8 度抗震设计的剪力墙结构,对应剪力墙厚为 200 mm,其他墙厚及结构形式可参考使用。底板混凝土强度等级为 C30;底板钢筋及钢筋桁架的上弦、下弦钢筋采用 HRB400 级钢筋,钢筋桁架的腹杆钢筋采用 HPB300 级钢筋。叠合板安全等级为二级,设计使用年限为 50 年。底板施工阶段验算参数及制作、施工要求详见图集总说明。

图集中预制板厚度均为 60 mm,底板最外层钢筋保护层厚度为 15 mm。后浇混凝土叠合层厚度分 70 mm、80 mm 和 90 mm 三种。单、双向板底板的标志宽度均有 1200 mm、1500 mm、1800 mm、2000 mm、2400 mm 五种,双向板边板实际宽度 = 标志宽度 － 240 mm,双向板中板实际宽度 = 标志宽度 － 300 mm,单向板的实际宽度与标志宽度相同;单、双向板标志跨度满足 3M 模数要求,其中双向板的标志跨度从 3000 mm 到 6000 mm,单向板的标志跨度从 2700 mm 到 4200 mm,实际跨度 = 标志跨度 － 180 mm。

图 2-61 为钢筋桁架示意图,图集中的钢筋桁架共六种规格,规格及代号见表 2-13。不同钢筋桁架设计高度分别对应相应的叠合层厚度,A 级和 B 级的差别在于上弦钢筋直

径,一般当跨度较小时,选用 A 级;跨度较大时,选用 B 级。钢筋桁架的选用详见图集中底板参数表。

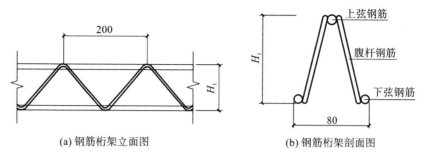

(a) 钢筋桁架立面图　　　　　(b) 钢筋桁架剖面图

图 2-61　钢筋桁架示意图

表 2-13　钢筋桁架规格及代号

桁架代号	上弦钢筋公称直径/mm	下弦钢筋公称直径/mm	腹杆钢筋公称直径/mm	桁架设计高度/mm	60 mm 厚底板叠合层厚度/mm
A80	8	8	6	80	70
A90	8	8	6	90	80
A100	8	8	6	100	90
B80	10	8	6	80	70
B90	10	8	6	90	80
B100	10	8	6	100	90

为了后浇混凝土与预制板的连接以及预制板的拼缝,叠合板的板边需做成倒角形式,如图 2-62 所示。

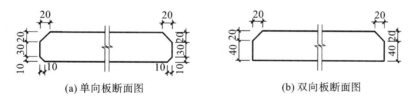

(a) 单向板断面图　　　　　　　(b) 双向板断面图

图 2-62　底板断面图

3. 编号

(1) 双向板底板编号规则

桁架钢筋混凝土叠合板用底板(双向板)的编号规则如下:

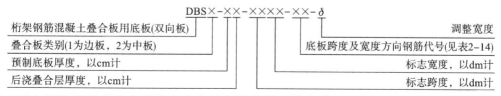

双向板底板跨度方向和宽度方向的钢筋代号组合如表 2-14 所示。

表 2-14 双向板底板跨度方向、宽度方向钢筋代号组合表

宽度方向钢筋	跨度方向钢筋			
	Φ8@200	Φ8@150	Φ10@200	Φ10@150
Φ8@200	11	21	31	41
Φ8@150		22	32	42
Φ8@100				43

[例 2-1] 底板编号 DBS1-67-3620-31,表示双向板底板,拼装位置为边板,预制底板厚度为 60 mm,后浇叠合层厚度为 70 mm,预制底板的标志跨度为 3600 mm,预制底板的标志宽度为 2000 mm,底板跨度方向配筋为Φ10@200,底板宽度方向配筋为Φ8@200。

[例 2-2] 底板编号 DBS2-67-3620-31,表示双向板底板,拼装位置为中板,预制底板厚度为 60 mm,后浇叠合层厚度为 70 mm,预制底板的标志跨度为 3600 mm,预制底板的标志宽度为 2000 mm,底板跨度方向配筋为Φ10@200,底板宽度方向配筋为Φ8@200。

（2）单向板底板编号规则

单向板底板编号规则如下：

单向板底板跨度方向和宽度方向的钢筋代号组合如表 2-15 所示。

表 2-15 单向板底板跨度方向、宽度方向钢筋代号组合表

代 号	1	2	3	4
受力钢筋规格及间距	Φ8@200	Φ8@150	Φ10@200	Φ10@150
分布钢筋规格及间距	Φ6@200	Φ6@200	Φ6@200	Φ6@200

[例 2-3] 底板编号 DBD67-3620-2,表示为单向板底板,预制底板厚度为 60 mm,后浇叠合层厚度为 70 mm,预制底板的标志跨度为 3600 mm,预制底板的标志宽度为 2000 mm,底板跨度方向配筋为Φ8@150。

4. 连接构造

叠合板的连接构造主要包括板端支座构造、板侧支座构造、悬挑叠合板连接构造、双向叠合板整体式接缝连接构造、单向叠合板分离式接缝连接构造和叠合板与后浇混凝土的结合面构造。后浇混凝土中的板面钢筋配骨基本与现浇混凝土板相同,但钢筋桁架会影响板面钢筋的上下位置关系。

（1）叠合板板端支座构造

单向板和双向板板端连接构造相同,按位置不同可分为边支座和中间支座。预制板内的纵向钢筋从板端伸出并锚入后浇混凝土中,锚固长度不小于 $5d$（d 为纵向受力钢筋直径）,且伸过支座中心线。图 2-63(a) 为叠合板边支座构造,图 2-63(b) 为叠合板中间支座构造。

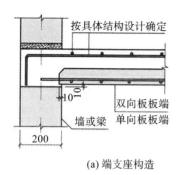

(a) 端支座构造

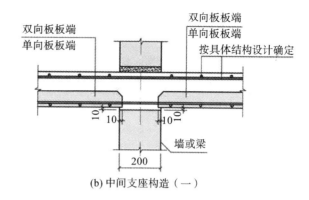

(b) 中间支座构造（一）

图 2-63　叠合板板端支座构造

（2）叠合板板侧支座构造

在双向叠合板的板侧，板底钢筋同样需伸入支承梁或墙的后浇混凝土中，其支座构造与板端构造相同。为了加工及施工方便，单向板底分布钢筋一般不伸出板边，采用附加钢筋的形式，保证楼面的整体性及连续性。如图 2-64（a）所示，在紧邻预制板顶面的后浇混凝土叠合层中设置附加钢筋，附加钢筋截面面积不宜小于预制板内的同向分布钢筋面积，间距不宜大于 600 mm，在板的后浇混凝土叠合层内锚固长度不应小于 15d，在支座内锚固长度不应小于 15d（d 为附加钢筋直径），且伸过支座中心线。

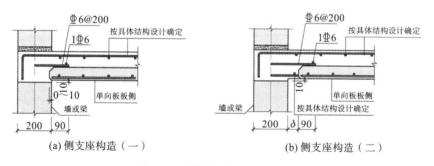

(a) 侧支座构造（一）　　　　　　　　　　(b) 侧支座构造（二）

图 2-64　叠合板板侧支座构造

当在边板板侧预留现浇板带时，同样需在紧邻预制板顶面的后浇混凝土叠合层中设置附加钢筋，并在现浇板带内按结构设计要求配置板底钢筋网片，如图 2-64（b）所示。

图 2-64 为板侧支座构造，如为中间支座，将附加钢筋及板面受力钢筋拉通即可。

（3）悬挑叠合板连接构造

叠合板式阳台等构件为悬挑叠合板。悬挑叠合板的负弯矩钢筋应在相邻叠合板的后浇混凝土中锚固。叠合构件中预制板底钢筋为构造配筋时，需将预制板内的纵向钢筋从板端伸出并锚入支承梁或墙的后浇混凝土中，锚固长度不小于 15d（d 为纵向受力钢筋直径），且伸过支座中心线，当板底为计算要求配筋时，钢筋应满足受拉钢筋的锚固要求。构造详图可参考叠合板式阳台。

（4）双向叠合板整体式接缝连接构造

双向叠合板板侧的整体式接缝宜设置在叠合板的次要受力方向上，且宜避开最大弯矩截面。接缝可采用后浇带形式,后浇带宽度不宜小于 200 mm,后浇带两侧板底纵向受力钢筋可在后浇带中焊接、搭接连接、弯折锚固,图 2-65(a)为常用的钢筋搭接连接形式。

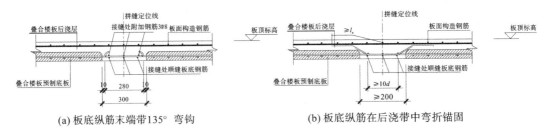

(a) 板底纵筋末端带135° 弯钩   (b) 板底纵筋在后浇带中弯折锚固

图 2-65 双向板接缝构造大样

如图 2-65(b)所示,当后浇带两侧板底纵向受力钢筋在后浇带中弯折锚固时,叠合板厚度不应小于 $10d$(d 为弯折钢筋直径的较大值)且不应小于 120 mm;接缝处预制板侧伸出的纵向受力钢应在后浇混凝土叠合层内锚固,且锚固长度不应小于 l_a;两侧钢筋在接缝处重叠的长度不应小于 $10d$,钢筋弯折角度不应大于 $30°$,弯折处沿接缝方向应配置不少于 2 根通长构造钢筋,且直径不应小于该方向预制板内钢筋直径。

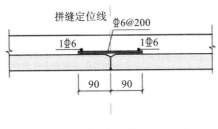

图 2-66 单向板接缝构造大样

（5）单向叠合板分离式接缝连接构造

如图 2-66 所示,单向叠合板板侧的分离式接缝在紧邻预制板顶面时宜设置垂直于板缝的附加钢筋,附加钢筋时伸入两侧后浇混凝土叠合层中,其锚固长度不应小于 $15d$(d 为附加钢筋直径);附加钢筋截面面积不宜小于预制板中该方向钢筋截面面积,钢筋直径不宜小于 6 mm、间距不宜大于 250 mm。

全预制板式阳台、空调板等全预制悬挑板,应与主体结构连接,预制板中伸出的上部负弯矩钢筋锚入后浇混凝土中或与后浇混凝土中的钢筋搭接,下部纵向钢筋从板端伸出并锚入支承梁或墙的后浇混凝土中,锚固长度不小于 $15d$(d 为纵向受力钢筋直径),且伸过支座中心线。

（6）叠合板与后浇混凝土的结合面构造

当叠合板遇到跨度较大、有相邻悬挑板的上部钢筋锚入等情况,叠合面在外力、温度等作用下,截面上会产生较大的水平剪力,除需在预制板板面设置凹凸深度不小于 4 mm 的粗糙面外,还需配置界面抗剪构造钢筋来保证水平界面的抗剪能力。当有桁架钢筋时,可不单独配置抗剪钢筋;当没有桁架钢筋时,配置的抗剪钢筋可采用马镫形状,钢筋直径、间距及锚固长度应满足叠合面抗剪的要求。

5. 构件详图

叠合板构件详图如图 2-67～图 2-72 所示。其中:图 2-67 和图 2-68 分别为双向板底板边板模板图、配筋图;图 2-69 和图 2-70 分别为双向板底板中板模板图、配筋图;图 2-71 和图 2-72 分别为单向板底板模板图、配筋图。

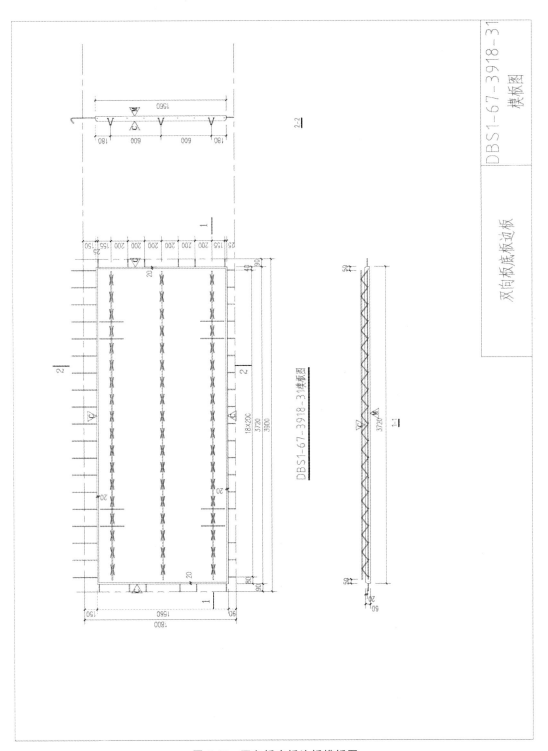

图 2-67 双向板底板边板模板图

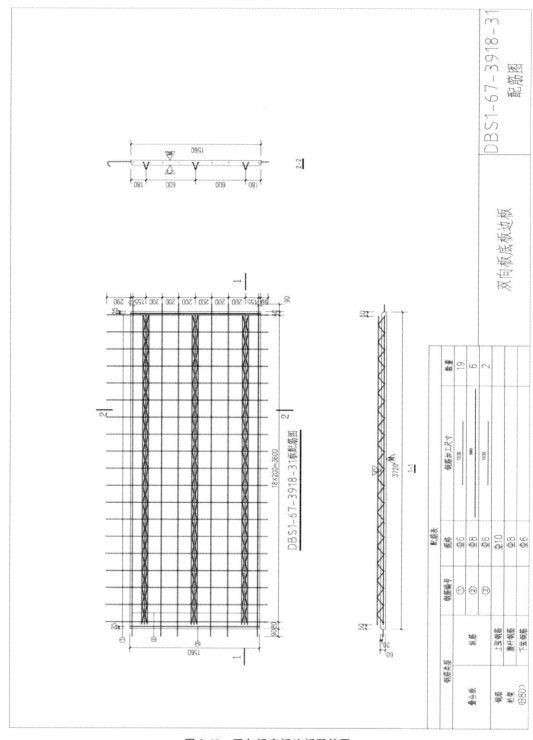

图 2-68 双向板底板边板配筋图

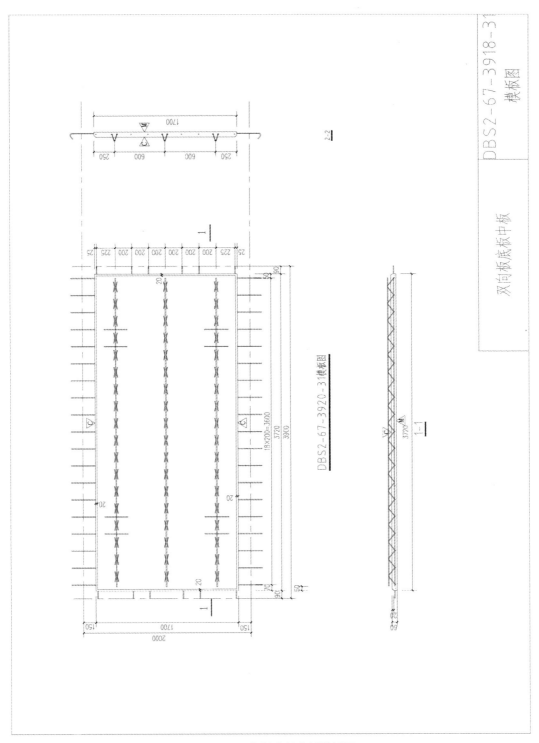

图 2-69 双向板底板中板模板图

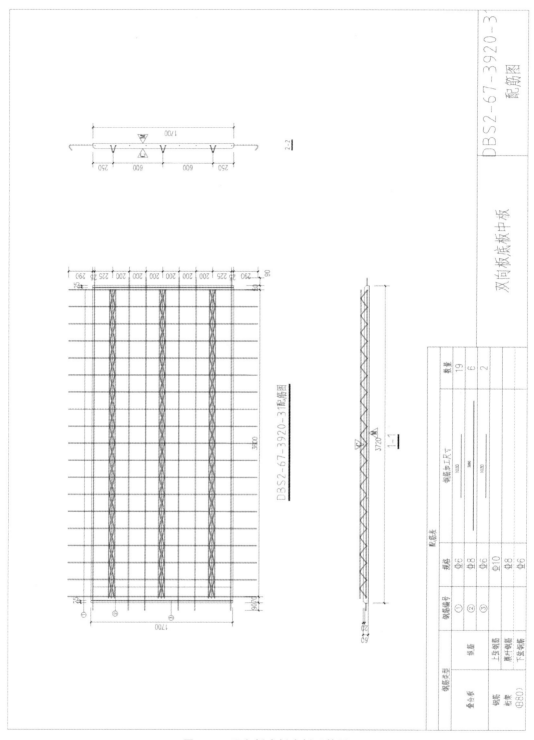

图 2-70 双向板底板中板配筋图

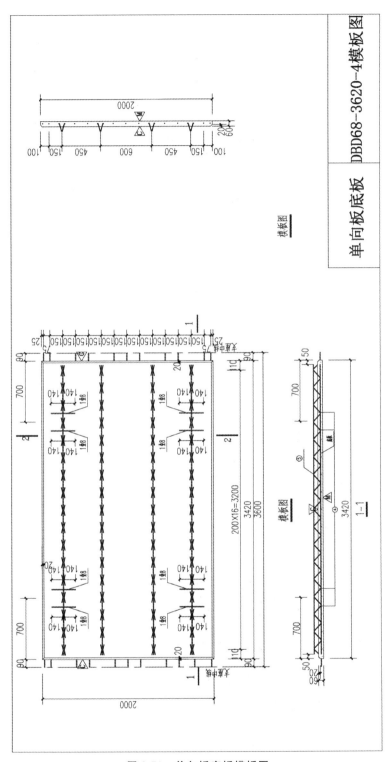

图 2-71 单向板底板模板图

装配式建筑数字孪生综合演训技术

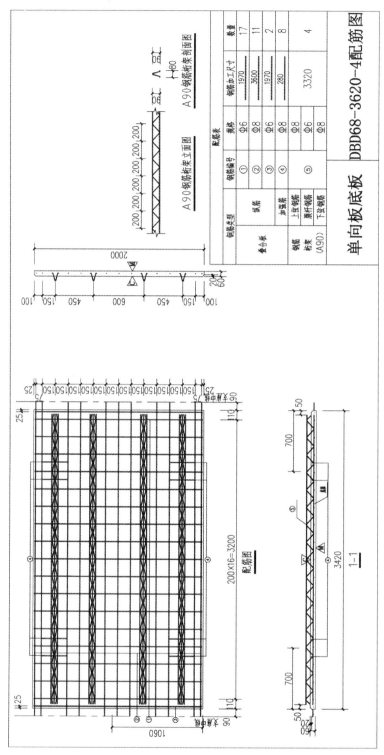

图 2-72　单向板底板配筋图

2.3.6 预制楼梯构造与识图

学习目标

①理解预制钢筋混凝土板式楼梯及其连接构造。
②熟悉国家建筑标准设计图集《预制钢筋混凝土板式楼梯》(15G367-1)。
③了解预制钢筋混凝土板式楼梯的规格、编号及选用方法。
④读懂预制钢筋混凝土板式楼梯构件详图与连接构造详图。

知识解读

本项目主要介绍国家建筑标准设计图集《预制钢筋混凝土板式楼梯》(15G367-1)中预制钢筋混凝土板式楼梯(简称预制板式楼梯)部品构件的规格、编号、选用方法及其构造。

1. 构造要求

装配整体式混凝土结构住宅建筑常采用预制钢筋混凝土板式楼梯,包括多层住宅的双跑楼梯和高层住宅的剪刀楼梯,如图2-73所示。预制钢筋混凝土板式楼梯的梯段板在吊装、运输及安装过程中,受力状况比较复杂,规定其板面宜配置通长钢筋,钢筋数量可根据加工、运输、吊装过程中的承载力及裂缝控制验算结果确定,最小构造配筋率可参照楼板的相关规定。当楼梯两端均不能滑动时,在侧向力作用下楼梯会起到斜撑的作用,楼梯中会产生轴向拉力,因此规定其板面和板底均应配置通长钢筋。在预制楼梯的两侧需配置加强钢筋,同样也是考虑楼梯在加工、运输、吊装过程中的承载力。此外,预制楼梯的构造还包括上下端销键、吊装预埋件(板侧和板面)、栏杆预埋件(板面或板侧)、预留洞等。

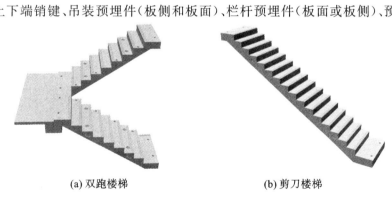

(a) 双跑楼梯　　　　　　　　(b) 剪刀楼梯

图 2-73　预制板式楼梯示意图

2. 规格

《预制钢筋混凝土板式楼梯》(15G367-1)中的板式楼梯适用于环境类别为一类,非抗震设计和抗震设防烈度为6～8度地区的多高层剪力墙结构住宅,楼梯梯段板为预制混凝土构件,平台梁、板可采用现浇混凝土。其他类型的建筑可参考选用。

预制楼梯包括双跑楼梯和剪刀楼梯,预制楼梯设计层高为2.8 m、2.9 m和3.0 m。双跑楼梯对应楼梯间净宽为2.4 m、2.5 m,剪刀楼梯对应楼梯间净宽为2.5 m、2.6 m。楼梯入户处建筑面层厚度为50 mm,楼梯平台板处建筑面层厚度为30 mm。剪刀楼梯中隔墙做法需另行设计。

梯段板混凝土强度等级为 C30,钢筋采用 HRB400;安全等级为二级,设计使用年限为 50 年。

图集中的预制钢筋混凝土板式楼梯梯段板对应施工阶段活荷载为 1.5 kN/m,正常使用阶段活荷载为 3.5 kN/m,栏杆顶部的水平荷载为 1.0 kN/m。其他施工阶段验算参数及制作、施工要求详见图集总说明。

3. 编号

预制钢筋混凝土板式楼梯按以下规则编号。

① 双跑楼梯:

② 剪刀楼梯:

如 ST-29-25 表示双跑楼梯,建筑层高 2.9 m、楼梯间净宽 2.5 m 所对应的预制钢筋混凝土板式双跑楼梯梯段板;JT-28-24 表示剪刀楼梯,建筑层高 2.8 m、楼梯间净宽 2.4 m 所对应的预制钢筋混凝土板式剪刀楼梯梯段板。

4. 细部构造与连接构造

(1) 防滑槽

锯齿形踏步的边缘宜设置防滑槽,如图 2-74 所示。

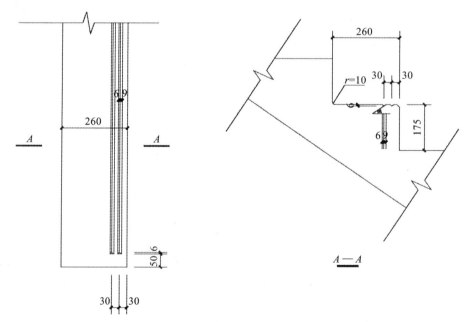

图 2-74 防滑槽

（2）梯段板吊装预埋件

梯段板吊装预埋件包括踏步表面的内埋式吊杆和板侧的内埋吊环，如图 2-75 和图 2-76所示。内埋式吊杆部位应设置加强筋。

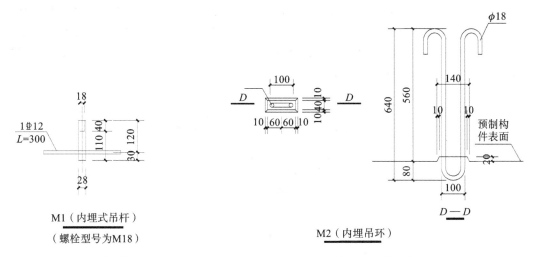

图 2-75　内埋式吊杆

图 2-76　内埋吊环

（3）栏杆预留洞口

为便于安装楼梯扶手栏杆，在梯板两侧应预留洞口或预埋件。

（4）销键预留洞加强筋

梯板上下端应预留销键，洞周应用钢筋加强，如图 2-77 所示。

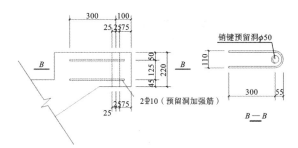

（a）上端销键预留洞加强筋做法

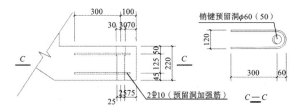

（b）下端销键预留洞加强筋做法

图 2-77　上、下端销键预留洞加强筋做法

（5）连接构造

预制钢筋混凝土板式楼梯的连接构造主要包括上端（固定铰端）和下端（滑动铰端）连接构造。

①固定铰端连接构造。楼梯的上端采用固定铰端连接构造，在梯梁的挑耳上预留螺栓，挑耳上表面用水泥砂浆找平，梯板上端销键套在螺栓上，用灌浆料填实，表面用砂浆封堵，楼梯与梯梁间的空隙用聚苯板等材料填充，注胶密封。图 2-78（a）为双跑楼梯固定铰端安装节点大样，剪刀楼梯与该节点基本相同。

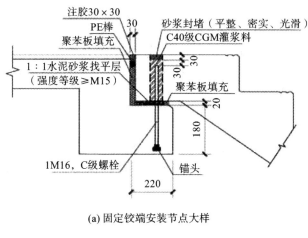

(a) 固定铰端安装节点大样

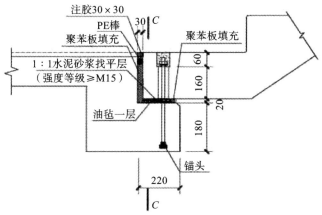

(b) 滑动铰端安装节点大样

图 2-78　双跑楼梯安装节点大样

②滑动铰端连接构造。楼梯的下端采用滑定铰端连接构造，在梯梁的挑耳上预留螺栓，挑耳上表面用水泥砂浆找平，梯板上端销键套在螺栓上，用螺母固定，砂浆表面封堵，销键内为空腔，保证下端的自由滑动。楼梯与梯梁间的空隙用聚苯板等材料填充，注胶密封。图 2-78（b）为双跑楼梯滑动铰端安装节点大样，剪刀楼梯与该节点基本相同。

5. 预制楼梯板构件详图

预制楼梯板构件详图如图 2-79～图 2-81 所示。其中：图 2-79 为双跑楼梯模板图、配筋图；图 2-80 为剪刀楼梯模板图；图 2-81 为剪刀楼梯配筋图。

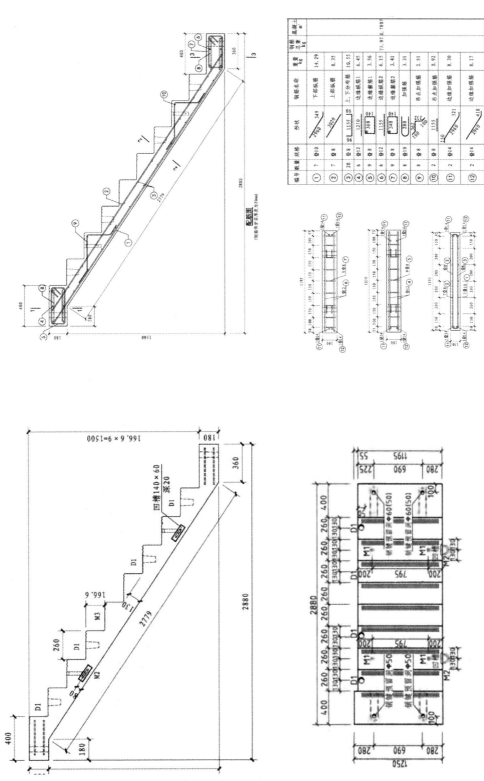

图 2-79　双跑楼梯模板图、配筋图

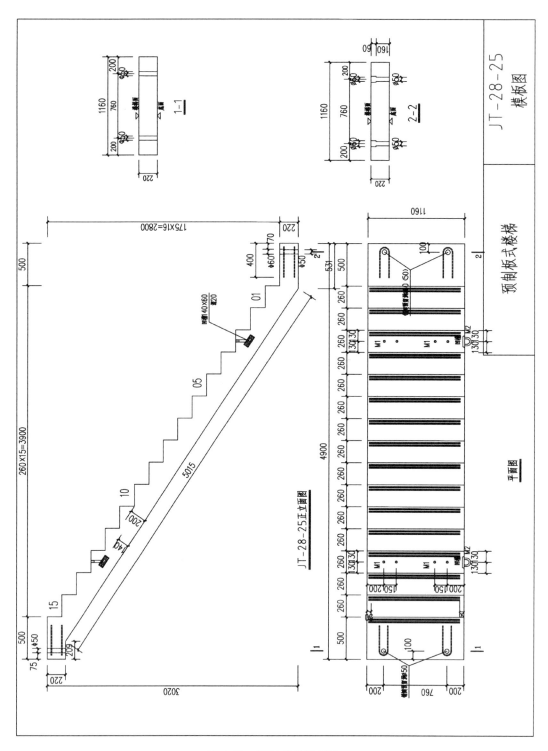

图 2-80 剪刀楼梯模板图

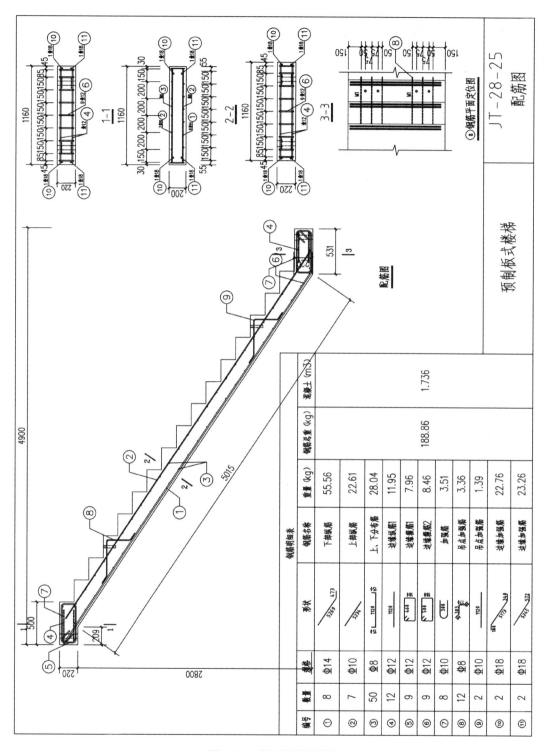

图 2-81　剪刀楼梯配筋图

2.3.7 预制钢筋混凝土阳台板构造与识图

 ┃学习目标┃

①理解预制钢筋混凝土阳台板及其连接构造。

②熟悉国家建筑标准设计图集《预制钢筋混凝土阳台板、空调板及女儿墙》(15G368-1)中的预制钢筋混凝土阳台板。

③了解预制钢筋混凝土阳台板的规格、编号及选用方法。

④读懂预制钢筋混凝土阳台板构件详图与连接构造详图。

 ┃知识解读┃

本项目主要介绍国家建筑标准设计图集《预制钢筋混凝土阳台板、空调板及女儿墙》(15G368-1)中预制钢筋混凝土阳台板(简称预制阳台板)部品构件的规格、编号、选用方法及其构造。

1. 规格

预制钢筋混凝土阳台板包括叠合板式阳台、全预制板式阳台和全预制梁式阳台,如图2-82所示。

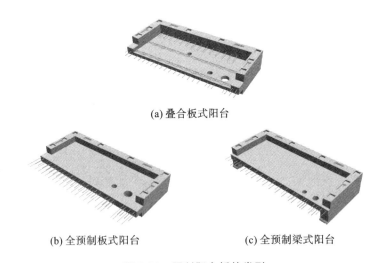

(a) 叠合板式阳台

(b) 全预制板式阳台   (c) 全预制梁式阳台

图 2-82 预制阳台板的类型

图集中的预制阳台板适用于非抗震设计和抗震设防烈度为6～8度地区的多高层装配整体式剪力墙结构住宅,用于封闭式阳台和开敞式阳台,不适用于建筑屋面层。其他类型的建筑可参考选用。

叠合板式阳台板预制底板及其现浇部分、全预制式阳台板混凝土强度等级均为C30;

连接节点区混凝土强度等级与主体结构相同,且不低于 C30。钢筋采用 HRB400 级和 HPB300 级。预埋铁件钢板一般采用 Q235-B 钢材,内埋式吊杆一般采用 Q345 钢材。吊环应采用 HPB300 级钢筋制作,严禁采用冷加工钢筋。其他连接件、预埋件、连接材料要求详见图集。

预制阳台板沿悬挑长度方向按建筑模数 2M 设计(叠合板式阳台、全预制板式阳台悬挑长度为 1000 mm、1200 mm、1400 mm;全预制梁式阳台悬挑长度为 1200 mm、1400 mm、1600 mm、1800 mm),沿房间开间方向按建筑模数 3M 设计(沿房间开间长度分别为 2400 mm、2700 mm、3000 mm、3300 mm、3600 mm、3900 mm、4200 mm、4500 mm)。

板式阳台适用于采用夹心保温剪力墙外墙板的装配式混凝土剪力墙结构住宅。夹心保温剪力墙外墙板外叶墙厚度 60 mm、保温层厚度 30～80 mm。

封闭式阳台结构标高与室内楼面结构标高相同或比室内楼面结构标高低 20 mm,开敞式阳台结构标高比室内楼面结构标高低 50 mm。施工时应予以起拱(在安装阳台板时,应将板端标高预先调高)。预制阳台板的开洞位置应根据具体工程设计在深化图纸中明确指出,图集中阳台板模板图和配筋图已注明雨水管、地漏预留洞位置。

图集中设计的阳台板,其结构安全等级为二级,结构设计使用年限为 50 年。其钢筋保护层厚度,梁部位处为 25 mm,板部位处为 20 mm。施工阶段的验算参数及制作、施工要求详见图集总说明。

2. 编号

预制阳台板按如下规则编号:

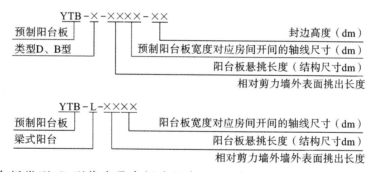

预制阳台板类型:D 型代表叠合板式阳台;B 型代表全预制板式阳台;L 型代表全预制梁式阳台。预制阳台板封边高度:04 代表阳台封边 400 mm 高;08 代表阳台封边 800 mm高;12 代表阳台封边 1200 mm 高。

3. 构造详图

下面分别以 YTB-D-1024-04、YTB-B-1024-04、YTB-L-1224-04 为例来说明叠合板式阳台、全预制板式阳台和全预制梁式阳台,预制阳台板模板图及配筋图如图 2-83～图 2-88 所示。

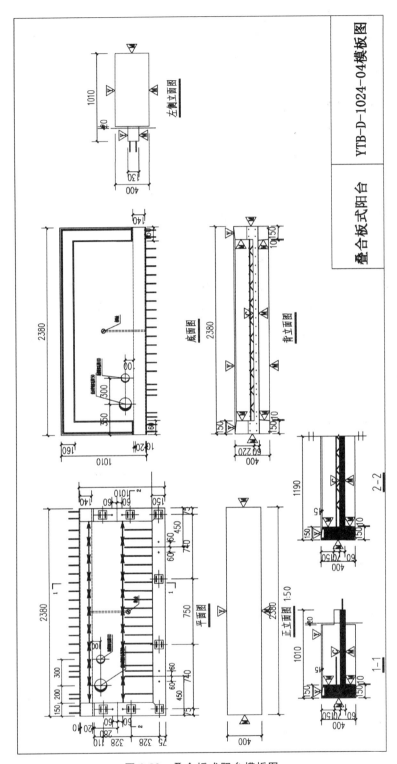

图 2-83 叠合板式阳台模板图

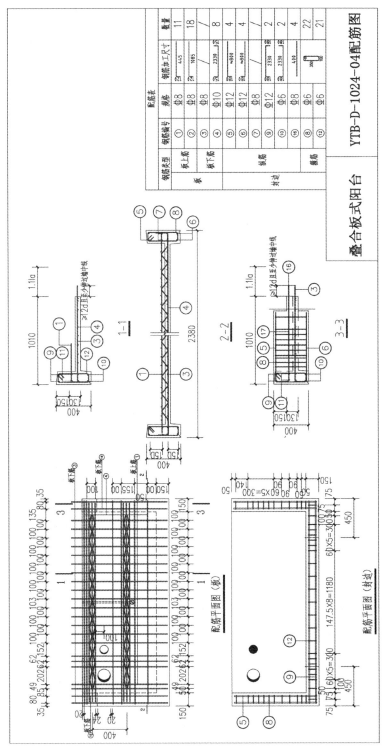

图 2-84　叠合板式阳台配筋图

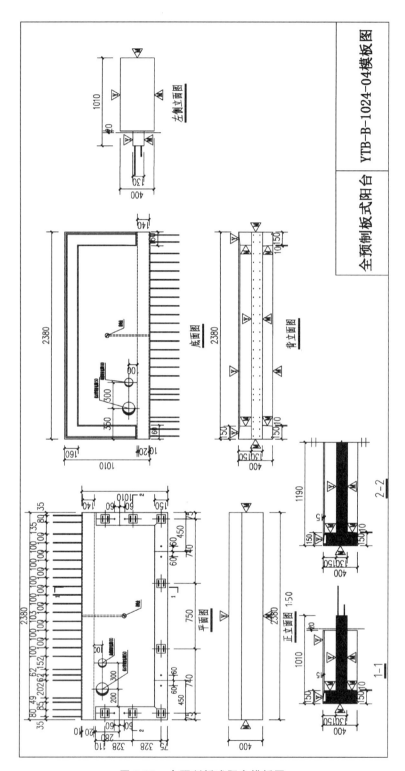

图 2-85　全预制板式阳台模板图

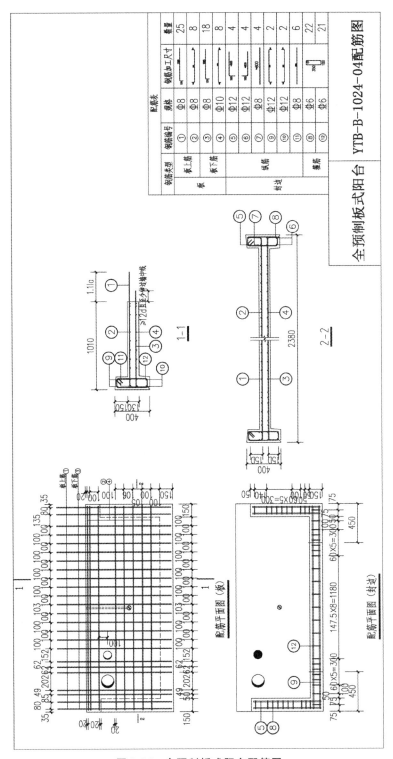

图 2-86 全预制板式阳台配筋图

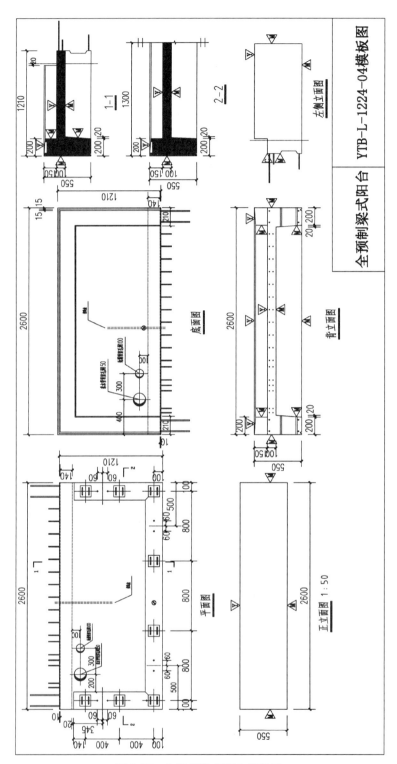

图 2-87　全预制梁式阳台模板图

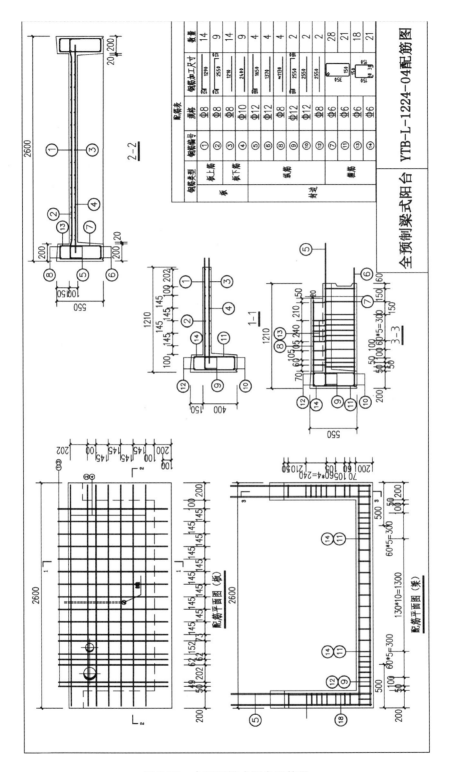

图 2-88 全预制梁式阳台配筋图

本 章 小 结

建筑施工图包括总平面图、建筑设计说明、各层平面图、立面图、剖面图和大样详图等。此外,还包括套型平面详图、套型设备点位综合详图、立面详图、楼电梯平面详图、阳台空调板大样图、墙板构件尺寸控制图、阳台与空调板构件尺寸控制图和楼梯构件尺寸控制图。总平面图需要考虑预制构件现场临时存放的场地条件和吊装设施的安全经济性和布置要求。各层平面图需要通过图例区分现浇混凝土和预制混凝土。立面图需要标注外墙做法、门窗开启方向,绘制外墙板灰缝、水平板缝、垂直板缝及其定位,并索引缝隙的节点。剖面图需要通过图例区分现浇混凝土和预制混凝土。结构施工图的平面布置图按标准层绘制,包括预制剪力墙外墙板、内隔墙、预制柱、叠合板、楼梯、阳台等,并进行编号。

结构施工图的平面布置图按标准层绘制,包括预制剪力墙外墙板、内隔墙、预制柱、叠合板、楼梯、阳台等,并进行编号。墙柱平面布置图需要标注未居中承重墙体与轴线的定位,预制剪力墙的门窗洞口、结构洞的尺寸和定位,以及标注水平后浇带或圈梁的位置。叠合板模板及配筋图需要标注叠合板的编号和标高高差。楼梯需要绘制平面布置图和剖面图,并进行标注。

预制构件及其连接件的识图是建筑设计和施工过程中的重要环节。通过绘制和解读图纸,可以了解预制构件的形状、尺寸、位置和连接方式,确保施工的准确性和安全性。识图的关键内容包括:了解预制构件的形状和尺寸,每种预制构件都有特定的外形和尺寸要求,准确测量和解读图纸可以获取构件的尺寸和形状信息;确定预制构件的位置和布置,构件在建筑中的位置和布置直接影响施工进程和效率、建筑外观和美观度,以及空间利用和功能需求;关注预制构件之间的连接方式,不同构件之间需要使用不同的连接方式进行连接,如螺栓、焊接、粘接等,通过图纸上的连接件标注和表示,可以了解构件之间的连接方式和细节;掌握预制构件的装配方式和施工要求,装配式建筑的特点是预制构件的工厂化制作和现场的快速组装,通过图纸上的标注和说明,可以了解构件的装配方式、连接要求和相关的施工工艺;注意预制构件的质量问题和质量要求,通过细致的观察和分析,可以提前发现和解决潜在的质量问题,确保构件的稳定性和安全性。因此,识图对于装配式建筑预制构件及其连接件的设计和施工至关重要,通过绘制和解读图纸,可以获得构件的形状、尺寸、位置和连接方式,以确保施工的准确性和安全性。

本 章 习 题

一、选择题

1. 装配式混凝土剪力墙结构建筑施工图包括下列哪些内容?(　　　)

A. 建筑设计说明　　B. 套型平面详图　　C. 大样详图　　　D. 全部都是

2. 总平面图需要考虑以下哪些因素？（　　）

A. 预制构件的厂家

B. 预制构件吊装设施的安全经济性和合理布置的要求

C. 预制构件的保温材料

D. 预制构件的颜色

3. 结构施工图的平面布置图应按照什么方法绘制？（　　）

A. 标准层绘制　　B. 整体绘制　　　C. 层层递进绘制　　D. 随意绘制

4. 装配式建筑预制构件的识图主要包括以下哪些方面？（　　）

A. 构件的形状和尺寸　　　　　　B. 构件的颜色和材质

C. 构件的价格和供应商　　　　　D. 构件的使用寿命和维护要求

5. 预制构件在建筑中的位置和布置对以下哪项因素有直接影响？（　　）

A. 施工进程和效率　　　　　　　B. 建筑外观和美观度

C. 结构稳定和安全性　　　　　　D. 空间利用和功能需求

6. 预制构件之间常用的连接方式包括以下哪些？（　　）

A. 螺栓连接　　　　B. 焊接连接　　　　C. 粘接连接　　　　D. 扣件连接

7. 装配式建筑的特点是什么？（　　）

A. 施工速度慢　　　　　　　　　B. 施工成本高

C. 构件工厂化制作和现场快速组装　D. 构件尺寸不准确

8. 识图过程中需要注意预制构件的什么方面？（　　）

A. 构件的功能和种类　　　　　　B. 构件的外形和尺寸

C. 构件的装配方式和施工要求　　D. 以上都是

二、问答题

1. 总平面图需要考虑哪些场地条件和设施要求？

2. 结构施工图中的剖面图应如何表示预制混凝土和现浇混凝土的区别？

3. 在装配式建筑预制构件的识图过程中，为什么需要了解预制构件之间的连接方式和细节？

4. 预制构件在建筑中的位置和布置有哪些影响因素？

5. 在识图过程中，如何提前发现和解决预制构件的质量问题？

3 装配式建筑工程施工技术要点

3.1 预制构件制作与质量检验

装配式构件主要包括外墙板、内墙板、叠合板、楼梯、阳台、雨篷等。构件制作前需要仔细核对各专业图纸,保证制作的准确度、匹配度。

构件制作的主要内容有材料采购、人员安排、模具机械就位、实施各项制作工艺的流程、质量检验等。

①材料采购主要有钢材、混凝土、连接件。通常购买的材料要满足现行相关标准的要求。如:需要进行套筒灌浆连接方式的普通钢筋应采用热轧带肋钢筋;需要制作预制构件的混凝土应采用强度等级不低于 C30 的混凝土;需要外露的金属件(主要指预埋件和连接件)应按不同环境类别进行封闭和防腐、防锈、防火处理,并满足耐久性要求。

②装配式建筑构件生产设备主要有清理机、划线机、喷油机、边模机、钢筋机、布料机、振捣机、抹平机、养护机、脱模机、翻板机等。这些生产机械贯穿了从构件支模安装到钢筋网布放再到试件养护脱模的全过程,组成了完整的装配式建筑预制构件生产线。

③模具的要求主要是指使用前除锈清洗、使用时密封不可漏浆、使用后拆装方便。

④制作工艺流程详见图 3-1。

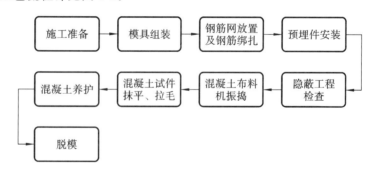

图 3-1 制作工艺流程

⑤质量检验是构件制作完成后保证构件质量的关键环节,包括对原材料的检验、模具的检验、成品构件的质量检验和质量偏差分析。

3.2 预制构件运输和存放

①预制构件生产完成后通常先在厂内存放,需要使用时送往施工现场。在构件的存放环节,需要重视构件的存放环境,避免预制构件的损坏、腐蚀;必要时需要设置围栏,避免人员涂抹、毁坏。

②在构件的运输环节,考虑预制构件的尺寸和重量都比较大,运输条件、车辆及路线,需要专门制定方案。并且,特殊构件还需要向当地交管部门报备,必要时需要计算沿途桥梁与涵洞的承载能力、通行高度和宽度是否满足要求,如不能满足相关要求,及时采取拆分运输的方案。

③在预制构件的装卸、进出场环节,需要注意构件不能有磕碰,按照规定检查构件的编号、数量、尺寸是否符合要求,外观是否有缺损、裂缝等问题。还需要特别注意,应按相应构件要求分类存放,如表 3-1 所示。

表 3-1 预制构件的存放要求

梁、柱构件		梁最高叠放 2 层,第一层梁放在 H 型钢上,层间用方木隔开,保证各层间方木的水平投影与 H 型钢重合,分型号水平放置。 柱最高摆放 3 层,同样分型号水平放置
板类预制构件	墙板	墙板与梁柱不同,需要竖立靠墙放置,下部需要垫方木,外饰面要朝内
	叠合板	分型号水平放置,层间需要方木隔开
	阳台板	分型号水平放置,层间需要支承垫块,保证阳台板水平,存放层数不得超过 4 层,封边高度较大时,应单层放置,不宜叠放
	空调板	分型号水平放置,层间需要方木隔开,各层间方木水平投影重合,存放层数不得超过 10 层
其他构件	楼梯	分型号水平放置,层间需要方木隔开,且需要保证各层间方木水平投影重合,存放层数不得超过 6 层。要特别注意的是,存放楼梯的周围 3～5 m 范围内不应进行电焊或气焊工作
	异形构件	异形构件根据外形和重量的实际情况确定存放区域和形式,尤其注意防水、防潮、防火

3.3 预制构件安装施工

装配式建筑预制构件送往工地,需要进行二次检验方可进场。施工现场采用的预制水平构件和预制竖向构件要分类存放备用。

3.3.1　装配式建筑施工现场工作流程

装配式建筑施工现场工作流程见表3-2。

表 3-2　装配式建筑施工流程

1. 现场准备		根据预制构件的重量、体积,选择适当的运输车辆、堆放场地和吊装机械的型号
2. 规划顺序		根据预制构件在图纸中的位置确定吊装顺序,一般为墙、柱→梁→板→楼梯→阳台、雨篷
3. 标准层施工	柱、墙板	定位放线→钢筋校正→吊装→灌浆→钢筋绑扎→管线铺设
	现浇墙柱	定位放线→立模
	叠合梁、板	定位放线→支撑→吊装→钢筋绑扎→管线铺设
	楼梯	定位放线→支撑→吊装→接缝处理→钢筋绑扎
	阳台、雨篷	定位放线→外防护架拆除→支撑→吊装→钢筋绑扎
4. 构件安装验收		安装位置、安装标高、垂直度、高低差等均需满足装配式建筑施工规范要求

3.3.2　装配式建筑施工要点

1. 预制剪力墙安装

依据《装配式混凝土建筑技术标准》(GB/T 51231—2016)以及《混凝土结构工程施工质量验收规范》(GB 50204—2015)的规定,装配式建筑施工中的剪力墙施工要点有:剪力墙的安装,是按照先安装与现浇构件相连的墙板,再安装其他墙板的顺序进行的,且在其他墙板在安装时应按照先外后内的顺序;剪力墙吊装前,还应预先设置标高调平装置或垫块,以保证墙板底部水平,当采用套筒灌浆或浆锚连接的夹心保温外墙板时,应预先在外侧设置弹性密封封堵材料,对于多层剪力墙,在铺设找平砂浆层时,应保证铺设浆料足够均匀;剪力墙安装时,墙板一般是以轴线和轮廓线为控制线的,且外墙采用以轴线和外轮廓线双线控制的方式进行安装,安装就位后应设置可调斜支撑作临时固定,检测预制墙板安装的标高、垂直度和位置,再通过墙底垫片、临时斜支撑进行调整和控制,调整就位后,对墙底连接部分应进行封堵;最后在进行剪力墙后浇段的钢筋安装时,应注意墙板预留钢筋与后浇段钢筋网交叉点应全部扎牢。

2. 预制柱安装

依据《装配式混凝土建筑技术标准》(GB/T 51231—2016)和《混凝土结构工程施工质量验收规范》(GB 50204—2015)的规定,装配式建筑施工中的混凝土柱施工要点有:首先,预制柱安装前应制定吊装方案,吊装方案需明确安装顺序,未写明安装顺序的,先吊装与现浇结构相连的预制柱,再按照角柱、边柱、中柱的顺序进行安装。在预制柱就位前还应设置柱底抄平垫块,控制柱子的安装标高;吊装时,一般柱的就位仍以双线控制(即轴线和外轮廓线),而对于边柱和角柱,主要以外轮廓线控制;柱子吊装就位后,应在两个方向设置可调斜支撑作临时固定,检测柱子安装的标高、垂直度和位置,再通过斜支撑进行调整和控制;调整就位后,柱脚连接部位应采用相关措施进行封堵。

3. 预制叠合梁安装

依据《装配式混凝土建筑技术标准》(GB/T 51231—2016)和《混凝土结构工程施工质量验收规范》(GB 50204—2015)的规定,装配式建筑施工中叠合梁的施工要点有:首先制定吊装方案,吊装方案需明确安装顺序,应遵循先主梁后次梁,先低后高的原则。在叠合梁就位前,还应测量并修正柱顶和临时支撑的标高,确保柱顶与梁底标高一致,在柱顶弹出梁边控制线,根据控制线对梁端、两侧边、梁轴线进行精密调整,误差控制在 2 mm 以内,并复核柱子钢筋与梁钢筋的位置、尺寸,对梁、柱钢筋有冲突的,应及时向设计单位反馈,由设计单位调整技术方案,按修改后的技术方案设置钢筋;安装时,梁伸入支座的长度与搁置长度应符合设计要求;安装就位后,应在两个方向设置可调斜支撑作临时固定,检查叠合梁的安装位置和标高;检查无误后,在后浇混凝土强度达到设计要求后,方可拆除临时支撑。

4. 预制楼面板安装

依据《装配式混凝土建筑技术标准》(GB/T 51231—2016)和《混凝土结构工程施工质量验收规范》(GB 50204—2015)的规定,装配式建筑施工中预制楼板的施工要点有:在预制楼板就位前,应检查支座顶部标高及支撑面的平整度,检查结合面的粗糙度、楼板之间的接缝宽度是否满足设计要求;安装就位后,板底接缝高差不满足要求时应将构件重新起吊,通过可调托座进行调节;接缝检查无误后,在后浇混凝土强度达到设计要求后,方可拆除临时支撑。

5. 预制楼梯安装

依据《装配式混凝土建筑技术标准》(GB/T 51231—2016)和《混凝土结构工程施工质量验收规范》(GB 50204—2015)的规定,装配式建筑施工中预制楼梯的施工要点有:楼梯安装就位前,应检查楼梯构件平面定位及标高,且应设置抄平垫块,保证楼梯构件安装平面的平整度;楼梯安装就位后,应立即调整并固定,避免人员走动造成偏差及危险;楼梯的端部安装,应考虑建筑标高与结构标高的差异,确保踏步高度一致。特别需要注意的是,楼梯与梁板采用预埋件焊接或预留孔连接时,应先施工梁板,后放置楼梯段;而采用预留钢筋连接时,应先放置楼梯段,后施工梁板。

6. 预制阳台雨篷安装

依据《装配式混凝土建筑技术标准》(GB/T 51231—2016)和《混凝土结构工程施工质量验收规范》(GB 50204—2015)的规定,装配式建筑施工中预制阳台和雨篷的施工要点有:安装就位前,应检查支座顶面标高及支撑面的平整度;安装就位后,应对阳台雨篷的板底接缝高差进行校核。若板底接缝高差不满足要求,应将构件重新起吊,通过可调托座进行调节;就位后立即调整并固定,检查合格后,在后浇混凝土强度达到设计要求后,方可拆除临时支撑。

7. 后浇部分钢筋绑扎

装配式建筑施工中的楼面钢筋绑扎的施工工艺流程如下:布置附加钢筋→布置水电管线→布置上层钢筋→自检与验收。楼面钢筋绑扎的施工要点指的是钢筋的进场检测以及施工人员在操作前的技术交底和安全交底。

8. 模板支设

在装配式建筑中,现浇节点的形式与尺寸重复较多,可采用铝模或者钢模。在现场组装模板时,施工人员应对照模板设计图纸有计划地进行对号分组安装,同时对安装过程中的累计误差进行分析,找出原因后采取相应的调整措施。模板安装完后质检人员应作验收处理,验收合格签字确认后方可进行下一道工序。

9. 混凝土浇筑振捣

楼面现浇层的施工工艺流程与施工要点同普通混凝土现场施工要点一致,此处不作赘述。

10. 支撑体系

前述装配式建筑的主体搭建过程中临时支撑系统出现多次,可见临时支撑是至关重要的。通常临时支撑可选择的类型主要有独立三脚架支撑、叠合墙模板支撑、叠合梁支撑和预制柱支撑四种。临时支撑作为装配式结构施工中的组成部分,直接关系到整体结构的稳定性。因此,在不同部位的预制构件吊装就位后,需要挑选最匹配的支撑类型进行临时支撑。

11. 防水施工

建筑物的防水工程是建筑施工中非常重要的环节,防水效果的好坏直接影响建筑物的使用功能。相对于传统建筑,装配式建筑的防水理念发生了变化,形成了"导水优于堵水,排水优于防水"的设计理念。通过设立合理的排水路径,将可能突破外侧防水层的水流引导进入排水通道并排出室外。

装配式建筑屋面部分和地下结构部分多采用现浇混凝土结构,其在防水施工中的具体操作方法可参照现浇混凝土建筑的防水方法。装配式建筑厨卫防水一般参考现浇混凝土建筑的防水做法,但装配式建筑采用的整体厨卫系统大多进行专业的防水设计,以保证整体防水效果,在此也不作介绍。装配式混凝土建筑的防水重点是预制构件间的防水处理,主要包括外挂板的防水和剪力墙结构建筑外立面防水。竖直缝和水平缝的防水构造如图 3-2、图 3-3 所示。

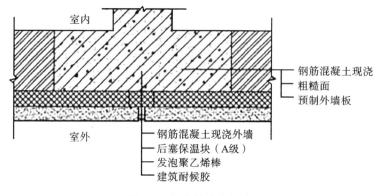

图 3-2　竖直缝防水构造

采用装配式剪力墙结构时,外立面防水主要由胶缝防水、空腔构造、后浇混凝土三部

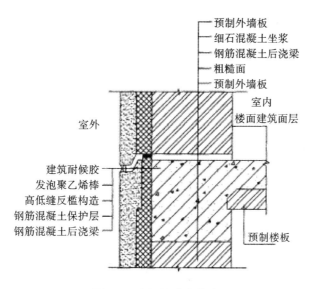

图 3-3 水平缝防水构造

分组成。剪力墙结构后浇带应加强振捣,确保后浇混凝土的密实性。弹性密封防水材料、填充材料及密封胶使用前,均应确保界面和板缝清洁干燥,避免胶缝开裂。密封材料嵌填应饱满密实、均匀顺直、表面光滑连续。

防水密封材料是保证装配式混凝土建筑外墙防水工程质量的物质基础之一,其性能优劣关乎工程质量及装配式混凝土建筑的推广和普及。根据 PC 板的应用部位特点,选用密封胶时应关注的性能包括以下几种。

①抗位移性和蠕变性,预制板接缝部位在应用过程中,受环境温度变化影响会出现热胀冷缩现象,使得接缝尺寸发生循环变化,密封胶必须具备良好的抗位移能力及蠕变性能保证黏结面不易发生破坏。

②耐候性及耐久性。密封胶材料使用时间长且处于外露条件,采用的密封胶必须具有良好的耐候性和耐久性。

③黏结性。PC 板主要结构组成为水泥混凝土,为保证密封效果,采用的密封胶必须与水泥混凝土基材良好黏结。

④防污性及可涂装性能。密封胶作为外露密封使用,为整体美观需要具备防污性和可涂装性能。

⑤环保性。密封胶在生产和使用过程中应对人体和环境友好,部分满足以上要求的密封胶品种包括硅酮建筑密封胶(SR 胶)、聚氨酯建筑密封胶(PU 胶)及改性硅酮密封胶(MS 胶)。

改性硅酮密封胶抗位移能力超过 20%,断裂伸长率达 500%,无需底涂,对混凝土、石材和金属等基材黏结性好,绿色环保。通常,非暴露部位可使用低模量聚氨酯密封胶,而暴露使用的部位宜使用低模量改性硅酮密封胶。硅酮密封胶虽然耐候性优良,但易污染墙面,无法涂装,加上后期修补困难,使用较少。

建筑防水中使用的防水材料还包括专用防水剂、防水涂料等新型防水材料,经过实验验证和评估后,可在装配式建筑中推广使用。

本 章 小 结

预制构件制作与质量检验是装配式建筑施工过程中的重要环节。关键内容包括构件制作、材料采购、设备就位、模具要求、制作工艺流程和质量检验。预制构件运输和存放需要注意构件的存放环境和运输方案。预制构件安装施工流程包括准备、规划顺序、标准层施工、构件安装验收等。

本 章 习 题

一、选择题

1. 装配式建筑预制构件主要包括以下哪些构件?（　　）

A.外墙板、内墙板、叠合板、楼梯、阳台、雨篷

B.墙体、柱体、楼板、屋顶

C.地基、框架、外装饰

D.窗户、门、楼梯

2. 在预制构件制作前,需要核对哪些内容以保证制作准确度和匹配度?（　　）

A.各专业图纸　　　　　　　　　　B.施工方案和资料

C.材料清单和工具设备　　　　　　D.施工现场和人员安排

3. 预制构件制作的主要内容包括以下哪些方面?（　　）

A.材料采购和人员安排　　　　　　B.模具机械就位和工艺流程

C.施工图设计和质量检验　　　　　D.运输方案和存放要求

4. 预制构件的运输需要制定哪些方案来确保安全和顺利进行?（　　）

A.车辆和路线选择　　　　　　　　B.施工现场安排

C.施工组织和人员调度　　　　　　D.施工材料调配

5. 在预制构件的安装验收过程中,需要检查哪些方面的要求?（　　）

A.安装位置和高度　　　　　　　　B.材料的质量和尺寸

C.构件的精度和垂直度　　　　　　D.施工人员的技术水平

6. 预制构件的存放要求中,在存放梁和柱时,应采取哪些措施?（　　）

A.最高摆放 3 层,分型号水平放置　　B.最高叠放 2 层,分型号水平放置

C.最高叠放 3 层,分型号水平放置　　D.最高摆放 2 层,分型号水平放置

7. 预制构件安装前需要进行哪些检查,以保证安装质量?（　　）

A. 支座标高和平整度   B. 柱子和梁的尺寸和位置

C. 施工人员的安全防护设备   D. 楼板接缝的高差和平整度

8. 对于楼面现浇层的钢筋绑扎,施工要点包括以下哪些方面?(　　)

A. 布置附加钢筋和水电管线   B. 自检与验收施工质量

C. 钢筋的规格和数量   D. 混凝土的浇筑和振捣程度

二、问答题

1. 预制构件制作的主要内容有哪些?

2. 预制构件安装施工的工作流程是怎样的?

3. 在预制构件的运输和存放环节中,需要注意哪些方面的问题?

4. 预制构件的质量检验包括哪些内容?

5. 预制构件安装施工时,如何进行临时支撑和防水处理?

4 装配式建筑工程施工管理

4.1 施工组织设计

4.1.1 总则

1. 编制原则

施工组织设计应具有真实性的预见性,能够客观反映实际情况,其应涵盖项目的施工全过程,做到技术先进、部署合理、工艺成熟、针对性、指导性、可操作性强。

2. 编制依据

①施工组织设计应遵循与工程建筑有关的法律法规文件和现行的规范标准。

②施工组织设计应仔细阅读工程设计文件及工程施工合同,理解把握工程特点、图纸及合同所要求的建筑功能、结构性能、质量要求等内容。

③施工组织设计应结合工程现场条件,工程地质及水文地质、气象等自然条件。

④施工组织设计应结合企业自身生产能力、技术水平以及装配式建筑构件生产、运输、吊装等工艺要求,制定工程主要施工办法及总体目标。

4.1.2 主要编制内容

根据《建筑施工组织设计规范》(GB/T 50502—2009)的要求,装配式建筑施工组织设计的主要内容应包括几个方面。

1. 编制说明及依据

依据的文件名称,包括合同、工程地质勘察报告、经审批的施工图、主要的现行适用的国家和地方标准、规范等。

2. 工程特点及重点难点分析

从本工程特点分析入手,层层剥离出施工重点难点,再到阐述解决措施,着重分析预制深化设计、加工制作运输、现场吊装、测量、连接等施工技术。

3. 工程概况

装配式建筑工程建设概况、设计概况、施工范围、构件生产厂及现场条件、工程施工特点及重点难点,应对预制率、构件种类数量、重量及分布进行详细分析,同时针对工程重点难点提出解决措施。

4. 工程目标

装配式建筑工程的质量、工期、安全生产、文明施工和职业健康安全管理、科技进步和创优目标、服务目标,对各项目标进行内部责任分解。

5. 施工组织与部署

以图表等形式列出项目管理组织机构图并说明项目管理模式、项目管理人员配备及职责分工、项目劳务队安排;概述工程施工区段的划分、施工顺序、施工任务划分、主要施工技术措施等。在施工部署中应明确装配式工程的总体施工流程、预制构件生产运输流程、标准层施工流程等工作部署,充分考虑现浇结构施工与混凝土预制构件吊装作业的交叉,明确两者工序穿插顺序,明确作业界面划分。在施工部署过程中还应综合考虑构件数量、吊重、工期等因素,明确起重设备和主要施工方法,尽可能做到区段流水作业,提高工效。

6. 施工准备

概述施工准备工作组织及时间安排、技术准备、资源准备、现场准备等。技术准备包括标准规范准备、图纸会审及构件拆分准备、施工过程设计与开发、检验批的划分、配合比设计、定位桩接收和复核、施工方案编制计划等。资源准备包括机械设备、劳动力、工程用材、周转材料、预制构件、试验与计量器具及其他施工设施的需求计划、资源组织等。现场准备包括现场准备任务安排、现场准备内容的说明,包括三通一平、堆场道路、办公场所完成计划等。

7. 施工总平面布置

结合工程实际,说明总平面图编制的约束条件,分阶段说明现场平面布置图的内容,并阐述施工现场平面布置管理内容。在施工现场平面布置策划中,除需要考虑生活办公设施、施工便道、堆场等临建布置外,还应根据工程预制构件种类、数量、最大重量、位置等因素结合工程运输条件,设置构件专用堆场及道路;混凝土预制构件堆场设置需满足预制构件堆载重量、堆放数量的要求,应方便施工并结合垂直运输设备吊运半径及吊重等条件进行设置,构件运输道路设置应能够满足构件运输车辆载重、转弯半径、车辆交会等要求。

8. 施工技术方案

根据施工组织与部署中所采取的技术方案,对本工程的施工技术进行相应的叙述,并对施工技术的组织措施及其实施、检查改进、实施责任划分进行阐述。在装配式建筑施工组织设计方案中,除包含传统基础施工、现浇结构施工等施工方案外,应对预制构件的生产方案、运输方案、堆放方案、外防护方案进行详细叙述。

9. 相关保证措施

包括质量保证措施、安全生产保证措施、文明施工环境保护措施、应急响应、季节施工措施、成本控制措施等。

质量保证措施应根据工程整体质量管理目标来制定,在工程施工过程中围绕质量目标对各部门进行分工,制定构件生产、运输、吊装、成品保护等各施工工序的质量管理要点,实施全员质量管理、全过程质量管理。

安全生产保证措施应根据工程整体安全管理目标来制定,在工程施工过程中围绕安全文明施工目标对各部门进行分工,明确预制构件制作、运输、吊装施工等不同工序的安全文明施工管理重点,落实安全生产责任制,严格实施安全文明施工管理措施。

制定应急救援预案的目的是快速、有序、高效地控制紧急事件的发展,将事故损失减小到最低程度。应急响应立足于安全事故的救援,立足于工程项目自援自救,立足于工程所在地政府和当地社会资源的救助。根据建设工程的特点,工地现场可能发生的安全事故有坍塌、火灾、中毒、爆炸、物体打击、高空坠落、机械伤害、触电等,应急预案的人力、物资、技术准备主要针对这几类事故。

4.1.3 施工部署

1. 总体安排

根据工程总承包合同、施工图纸及现场情况,将本工程划分为:基础及地下室结构施工阶段、地上结构施工阶段、装饰装修施工阶段、室外工程施工阶段、系统联动调试及竣工验收阶段。

在工程施工阶段,塔楼区(含地下室)组织顺序向上流水施工,地下室分三段组织流水施工。工序安排上以桩基础施工→地下室结构施工→塔楼结构施工→外墙涂料施工→精装修工程施工→系统联合调试→竣工验收为主线,按照节点工期确定关键线路,统筹考虑自行施工与业主另行发包的专业工程的统一、协调,合理安排工序搭接及技术间歇,确保如期完成各节点施工。

2. 分阶段部署

(1)基础及地下室施工阶段

①区段划分。根据工程特点、后浇带位置以及施工组织需要,地下室结构施工阶段划分区域进行施工,各分区独立组织资源平行施工。

②施工顺序。进场后立即安排测量放线、土方开挖,再进行垫层、防水施工。土方施工完成后可安排塔式起重机的基础施工及塔式起重机安装工作,保证后续施工的材料运输。

(2)主体结构施工阶段

①区段划分。根据地上塔楼及工业化施工特点,地上结构施工分为塔楼现浇层和预制层。各塔楼再根据工程量、施工缝、作业队伍等划分施工流水段。

②施工顺序。各塔楼均组织资源独立施工,现浇层建议采用高周转模板,预制层采用预制构件拼装施工,现浇段宜采用铝合金模板进行施工。

(3)竣工验收阶段

竣工验收阶段的工作任务主要包含系统联动调试、竣工验收及资料移交。

①系统联动调试。市政供水、供电系统完成后,立即开展机电各系统的单机调试工作,消防、环保、节能等工程提前报验,满足工程整体竣工验收要求;机电系统调试分电气系统调试、通风空调系统调试、给水排水系统调试、消防系统调试、电梯及弱电等单系统调试等;各系统的单项调试完成后进行综合系统联合调试,然后完成各系统验收。

②竣工验收。各专业分包必须负责施工工程竣工图的编制管理工作,总承包根据竣

工图验收要求对各专业分包所绘制的竣工图进行符合性审查。属于专业工程需单独验收的,经总承包预验合格后,再报监理工程师进行监理预验,合格后由该专业分包与专业工程验收管理部门、监理工程师、发包人协商确定验收时间,并及时通知总承包参与验收;不必需要办理单独验收的,经总承包预验合格后,上报监理工程师,由监理工程师预验合格后,专业分包、总承包人、监理工程师和发包人协商验收。

办理工程预验收及验收前,各专业分包人应将准备验收工程的场地清理干净。

③资料移交。总承包在规定时间内收集所有竣工备案资料,对不属于施工总承包管理直接提供的其他单位的资料,进行跟踪、督促、协调,及时向发包人反馈收集和协调情况,收集齐全所有竣工备案资料后,按规定向有关部门提交竣工备案资料,并向发包人反馈备案办理进度。

4.1.4 施工平面布置

进行施工平面布置时,首先应进行起重机械选型工作,然后根据起重机械布局规划场内道路,最后根据起重机械以及道路的相对关系确定堆场位置。预制拼装与传统现浇施工相比,影响塔式起重机选型的因素有了一定变化,由此增加的构件吊装工序,使得起重机对施工流水段及施工流向的划分均有影响。

1. 各阶段施工场地分析

①在基础、地下结构和地上现浇层施工阶段,土方工程、现浇混凝土工程施工作业量大,现场需要较多的施工材料堆放场地和临时设施场地。该阶段平面布置的重点是既要考虑满足现场施工需要的材料堆场,又要为预制构件吊装作业预留场地,因此不宜在规划的预制构件吊装作业场地设置临时水电管线、钢筋加工场等不宜迅速转移场地的临时设施。

②在预制装配层施工阶段,吊装构件堆放场地要以满足 1d 施工需要为宜,同时为以后的装修作业和设备安装预留场地,因此需合理布置塔式起重机和施工电梯位置,以免影响预制构件吊装和其他材料运输。

③在装修施工和设备安装阶段,有大量的分包单位将进场施工,按照总平面图布置此阶段的设备和材料堆场,按照施工进度计划材料设备如期进场是关键。

④根据场地情况及施工流水情况进行塔式起重机布置,考虑群塔作业时,限制塔式起重机相互关系与臂长,并尽可能使塔式起重机所承担的吊运作业区域大致相当。

⑤根据最重预制构件重量及其位置进行塔式起重机选型,使得塔式起重机能够满足最重构件起吊要求;根据其余各构件重量、模板重量、混凝土吊斗重量及其与塔式起重机相对关系,对已经选定的塔式起重机进行校验。塔式起重机选型完成后,根据预制构件重量及其安装部位相对关系进行道路布置与堆场布置。由于预制构件运输的特殊性,需对运输道路坡度及转弯半径进行控制,并依照塔式起重机覆盖情况,综合考虑构件堆场布置;进行预制构件堆场的布置时,需对构件排列进行考虑,其原则是预制构件存放受力状态与安装受力状态一致。

2. 预制构件吊装阶段平面布置要求

①在地下室外墙土方回填完后,需尽快完善临时道路和临水临电线路,硬化预制构件

堆场将来需要破碎拆除的临时道路和堆场,可采取能多次周转使用的装配式混凝土路面、场地技术,以便节约成本、减少建筑垃圾外运。

②施工道路宽度需满足构件运输车辆的双向开行及卸货吊车的支设空间;道路平整度和路面强度需满足吊车吊运大型构件时的承载力要求。

③构件存放场地的布置宜避开地下车库区域,以免对车库顶板施加过大临时荷载,当采用地下室顶板作为堆放场地时,应对承载力进行计算,必要时应进行加固处理(需征得设计同意)。

④墙板、楼面板等重型构件宜靠近塔式起重机中心存放,阳台板、飘窗板等较轻构件可存放在起吊范围内的较远处。预制墙板堆放如图 4-1 所示。

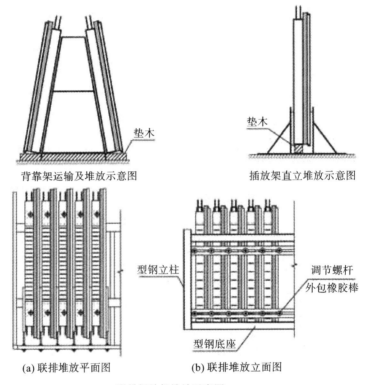

图 4-1 预制墙板堆放示意

⑤各类构件宜靠近且平行于临时道路排列,便于构件运输车辆卸货到位和施工中按顺序补货,避免二次倒运。

⑥不同构件堆放区域之间宜设宽度为 1.2 m 的通道。将预制构件存放位置按构件吊装位置进行划分,并用黄色油漆涂刷分隔线,同时在各区域标注构件类型,存放构件时一一对应,提高吊装的准确性,便于堆放和吊装。

⑦构件存放时宜按照吊装顺序及流水段配套堆放。

4.2 进 度 控 制

4.2.1 装配式施工项目总体施工进度控制

1. 装配式混凝土项目进度管控的原则和内容

（1）管控原则

装配式混凝土建造项目，应选择 EPC 总承包管理模式，最大限度地协调设计、生产、施工；坚持建筑、结构、机电、装修一体化的技术体系，从而从根本上提高设计、生产、建造效率。

（2）管控内容

项目的进度管控，应从设计、生产、施工等环节统筹考虑，充分发挥 EPC 总承包的优势。设计方面，必须明确出图时间节点和出图深度；构件生产方面，应提前介入，熟悉图纸，对一些特殊构件提早准备；施工方面，应经常性地与各方沟通。

项目的进度管控，要从进度的事前控制、事中控制、事后控制等方面进行，形成计划、实施、调整（纠偏）的完整循环。

进度的事前控制，就是要确定工期目标，编制项目实施总进度计划及相应的分阶段（期）计划、相应的施工方案和保障措施。其中重点是明确设计的出图时间节点和施工进度计划的编制。

施工进度计划是施工现场各项施工活动在时间、空间上前后顺序的体现。合理编制施工进度计划就必须遵循施工技术程序的规律、根据施工方案和工程开展程序去进行组织，这样才能保证各项施工活动的紧密衔接和相互促进，起到充分利用资源，确保工程质量的作用。施工进度计划按编制对象的不同可分为：施工总进度计划、单位工程进度计划、分阶段（或专项工程）工程进度计划、分部分项工程进度计划四种。施工进度计划编制后应先进行工期优化、费用优化和资源优化，再确定最终计划。装配式混凝土工程在进度计划编制中应重点关注的起重设备使用计划和构件吊装计划，此两项内容应该单独编制细部计划，其中施工总进度计划、单位工程进度计划最好同时绘制网络图和横道图，以方便计划调整和纠偏。

进度的事中控制主要是审核计划进度与实际进度的差异，并进行工程进度的动态管理，即分析进度差异产生的原因，提出调整的措施和方案，相应调整施工进度计划、资源供应计划。对于装配式混凝土工程，施工中应重点观察起重吊装机械的运行效率、构件安装效率等，并与计划和企业定额进行对比。另外，施工人员应经常性地与工厂保持联络。若现场条件允许，应保证一定的构件存放量。

进度的事后控制主要是当实际进度与计划进度发生偏差时，在分析原因的基础上应采取以下措施：

①制定保证总工期不突破的措施；

②制定总工期突破后的补救措施;

③调整相应的施工计划,并组织协调相应的配套设施和保障措施。

2. 施工现场与设计、构件厂的协调

装配式混凝土结构的现场施工中预制构件的吊安处在关键线路上,是关键工作。而作为构件吊安的前提,构件的进场必须按计划得到保证。现在的施工项目中,由于构件供应不及时造成工期延误的情况屡有发生,其可能是设计、生产、运输、存放等多方面因素造成的,有时甚至是几种因素混合在一起,造成构件不能正常供应,影响施工进度。

设计是构件生产的前提,构件生产是现场吊安的前提。设计方出图时间和出图质量直接影响深化设计和工厂的生产准备,从而影响工程整体进度。能够将各个环节有机地结合起来,实现工程效益的最大化。对设计的进度要求一般在项目策划阶段,就同工程总进度计划一起予以明确。构件厂、施工现场技术人员应与设计人员紧密联系,必要时应召开协调会。

在工程总进度计划确定之后,施工单位应排出构件吊装计划,并要求构件厂排出构件生产计划。现场施工人员应同构件厂紧密联系,了解构件生产情况,并根据现场场地情况考虑构件存放量。一般而言,以施工现场提前 45 天将计划书面通知构件厂为宜。驻厂监造人员应参与构件生产进度的监察和管控。构件厂应制定进度的保证措施和应急预案,包括调整排产计划、增加资源投入等。

构件进场前,施工单位应与构件厂商定每批构件的具体进场时间及进场次序。构件进场应充分考虑构件运输的限制因素(如所经道路是否限制大型车辆通行、限制的时间、是否限高、转弯半径等),确定场内外行车路线。

3. 工序之间的穿插

装配式建筑的施工工期优势,还体现在工序的穿插方面。施工中应与当地政府主管部门进行沟通,采取主体结构分段验收的形式,提前进行装饰装修施工的穿插,实现多作业面同时有序施工,提高整体效率。

4.2.2 施工现场进度控制

1. 构件吊安工作安排

下面以该沙盘的吊安工作安排为例进行简要阐述:标准工期为 2 天一层,综合考虑前期装配施工时装配工人安装熟练程度,第一层装配施工按 3 天一层施工,待装配工人装配作业熟练后,可按 2 天一层施工。

2. 工期保证措施

(1)管理保证

①进度计划编制。依据招标文件要求编排合理的总进度计划。以整个工程为对象,综合考虑各方面的情况,对施工过程作出战略性部署,确定主要施工阶段的开始时间及关键线路、工序,明确施工主攻方向。同时编制所有施工专业的分部、分项工程进度计划,在工序的安排上服从施工总进度计划的要求和规定,时间安排上留有一定余地,确保施工总目标的实现。

②进度计划审批。为了确保施工总进度计划的顺利实施,各分包商应根据分包合同

和施工大纲的要求,各自提供确保工期进度的具体执行计划,并经总包单位审批同意付诸实施。对各分包商执行审核批准,使施工总进度计划在各个专业系统领域内得到有效的分解和落实。

③分级计划控制。在进度计划体制上,实行分级计划控制,分三级进度控制计划编制。工程的进度管理是一个综合的系统工程,涵盖了技术、资源、商务、质量检验、安全检查等多方面的因素。因此,根据总控工期、阶段工期和分项工程的工程量制定的各种派生计划,是进度管理的重要组成部分,按照最迟完成或最迟准备的插入时间原则,制定各类派生保证计划,做到施工有条不紊、有章可循。

④进度计划调整。在进度监控过程中,一旦发现实际进度与计划进度不符即有偏差,进度控制人员必须认真寻找进度偏差产生的原因,分析该偏差对后续工作和对总工期的影响,及时调整施工计划,并采取必要的措施以确保进度目标实现。

(2)资源保证

①施工人员。装配式混凝土结构施工现场所需人工数量少于传统现浇结构,但对工人的质量需求有所提高,特别是关键工序(如构件安装、灌浆等)的操作工人,应具备相应的知识和过硬的技能。因此,施工现场应保证此类工人相对固定。尤其在农忙和节假日期间,应对现场关键工序操作工人情况详细摸底,必要时重新安排劳动力。要做好工人的培训和交底工作,提高工人素质。

②施工机械设备。装配式混凝土结构施工现场所需吊装起重设备数量大于传统现浇结构。施工前应做好起重设备的选型和布置,兼顾效率和经济性。塔式起重机顶升和附着要与施工紧密配合,必要时现场或堆场可配备汽车吊等加以辅助。对于一些装配式混凝土结构施工特有的工具,应按需配备并检验。

(3)经济保证

①预算管理。执行严格的预算管理。施工准备期间,编制项目全过程现金流量表,预测项目的现金流,对资金做到平衡使用,以丰补缺,避免资金的无计划管理。

②支出管理。执行专款专用制度。建立专门的工程资金账户,随着工程各阶段控制日期的到来,及时支付各专业分包的劳务费用,防止施工中因为资金问题而影响工程的进展,充分保证劳动力、机械、材料的及时进场。资金压力分解:在选择分包商、材料供应商时,提出部分支付的条件,向同意部分支付又相对资金雄厚的合格分包商、供应商进行倾斜。

4.3 资源配置

4.3.1 劳动力配置

施工项目劳动力是项目经理部参加施工项目生产活动的人员总称。劳动力配置核心是按照施工项目的特点和目标要求,合理地组织、高效率地使用和管理劳动力,并按项目进度的需要不断调整劳动力的需要量、劳动力组织及劳动协作关系。装配式混凝土建筑施工劳动力有吊装工、灌浆工等工种。

1. 吊装作业班组劳动力配置

吊装作业班组劳动力配置如图4-2所示。

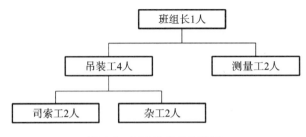

图4-2 吊装作业班组配置

装配整体式混凝土结构在构件施工中,需要进行大量的吊装作业,吊装作业的效率将直接影响工程施工的进度,吊装作业的安全将直接影响施工现场的安全文明管理。吊装作业班组一般由班组长、吊装工、测量放线工、司索工等组成。

2. 灌浆作业班组劳动力配置

灌浆作业施工由若干班组组成,每组应不少于2人,一人负责注浆作业,一人负责调浆及灌浆溢流孔封堵工作。

3. 劳动力组织技能培训

①吊装工序施工作业前,应对工人进行专门的吊装作业安全意识培训。构件安装前应对工人进行构件安装专项技术交底,确保构件安装质量一步到位。

②灌浆作业施工前,应对工人进行专门的灌浆作业技能培训,模拟现场灌浆施工作业流程,提高灌浆工人的质量意识和业务技能,确保构件灌浆作业的施工质量。

4.3.2 材料、预制构件配置

1. 材料、预制构件配置要求

材料、预制构件配置是为了顺利完成项目施工任务,从施工准备到项目竣工交付为止所进行的施工材料和构件计划、采购运输、库存保管、使用、回收等所有的相关管理工作。

①根据现场施工所需的数量、构件型号,提前通知供货厂家按照提供的构件生产和进场计划组织好运输车辆,有序地运送到现场。

②装配整体式结构采用的灌浆料、套筒等材料的规格、品种、型号和质量必须满足设计和有关规范、标准的要求,坐浆料和灌浆料应提前进场取样送检,避免影响后续施工。

③预制构件的尺寸、外观、钢筋等,必须满足设计和有关规范、标准的要求。

④外墙装饰类构件、材料应符合现行国家规范和设计的要求,同时应符合经业主批准的材料样板的要求,并应根据材料的特性、使用部位来进行选择。

⑤建立管理台账,进行材料收、发、储、运等环节的技术管理,对预制构件进行分类有序堆放。此外同类预制构件应进行编码使用管理,防止装配过程中出现位置错装问题。

2. 工装准备

为了满足工程施工要求,首先,应编制工程材料、预制构件、工装系统需用计划,同时根据施工进度的要求,项目施工中各分项工程的管理人员还要编制月、周材料物资需用量的进场计划。项目组织各种材料、预制构件、工装系统进场,并负责材料、预制构件、工装系统的搬运、存储、保管及分发。其次,为保证施工中所用的各种材料、预制构件、工装系统满足质量要求,应采取以下措施。

①所有进场的材料、工装系统必须有出厂合格证。

②严格的材料、工装系统进场验收制度,质检员、材料员、试验员和分管各工种的工长要参加材料、工装系统进场验收。

③材料、工装系统的申请报验,进场及时报请监理、建设单位进行外观等质量检查,同时进行现场抽检试验,合格后方能投入使用。

④专人负责材料、工装系统的保管及分发领用。

⑤施工中的材料、工装系统等资源设专人负责清理分类堆放整齐。不合格的资源及时退场,并有退场记录。

3. 支撑体系

(1) 预制剪力墙(柱)斜支撑

预制剪力墙(柱)的斜支撑(图 4-3)主要是为了避免预制剪力墙(柱)在灌浆料达到强度之前,墙体(柱)出现倾覆的情况。斜支撑的布置具体参照剪力墙的具体尺寸、内部钢筋的绑扎和内部的预埋件的位置进行。

(2) 叠合板底支撑体系

叠合板底的支撑采用独立支撑(图 4-4),独立支撑用于支撑预制水平构件,通过调节独立支撑高度,实现构件标高控制。独立支撑调节范围为 0.5～4.5 m,支撑标高允许偏差±5 mm。

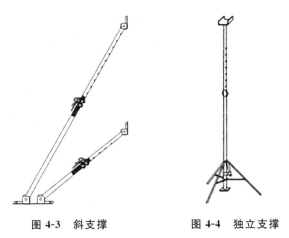

图 4-3 斜支撑   图 4-4 独立支撑

4.3.3 机械设备配置

机械设备配置是对机械设备全过程的管理,即从选购机械设备开始,对投入使用、磨损、维保、停用、拆安等进行管理。装配式混凝土建筑施工与传统现浇结构施工相比吊装工程量较大,垂直运输设备的配置尤为重要。

1. 机械设备选型依据

①工程的特点：根据工程平面分布、长度、高度、宽度、结构形式等进行设备选型。

②工程量：充分考虑建设工程需要加工运输的工程量大小，决定选用的设备型号。

③施工项目的施工条件：现场道路条件、周边环境条件、现场平面布置条件等。

2. 吊运设备的选型

装配整体式混凝土结构，一般情况下采用的预制构件体形大，人工难以吊运安装作业，通常需要采用大型机械吊运设备完成构件的吊运安装，吊运设备分为移动式汽车起重机和塔式起重机（图4-5、图4-6）。在施工过程中应合理地使用两种吊装设备，使其优缺点互补，以便更好地完成各类构件的装卸运输吊运安装工作，取得最佳的经济效益。

图 4-5 移动式汽车起重机

图 4-6 塔式起重机

①移动式汽车起重机选择。在装配整体式混凝土结构施工中，对于吊运设备的选择，通常会根据设备造价、合同周期、施工现场环境、建筑高度、构件吊运质量等因素综合考虑确定。一般情况下，在低层、多层装配整体式混凝土结构施工中，预制构件的吊运安装作业通常采用移动式汽车起重机；当现场构件需二次倒运时，可采用移动式汽车起重机。

②塔式起重机选择。塔式起重机选型首先取决于装配整体式混凝土结构的工程规模，如小型多层装配整体式混凝土结构工程，可选择小型的经济型塔式起重机。对于高层建筑，宜选择与之相匹配的起重机械，因垂直运输能力直接决定结构施工速度的快慢，要对不同塔式起重机的差价与加快进度的综合经济效果进行比较，合理选择。

4.4 各方协同

4.4.1 总承包与建设、监理的协同

EPC 项目开展期间，总承包方要向建设方通报工作情况，并与建设方协商工作事项，商定议事规则及程序，确定例会制度。同时，EPC 总承包方还要协助建设方办理开工前的各项审批手续及落实现场施工条件，并与建设方商定诸如出图计划、施工场地不足而产

生的占道、占地及外租场地,解决临时生产及生活用地等事宜。

装配式混凝土建筑施工涉及预制构件生产环节,装配式建筑工程总承包单位应与监理单位提前协商,由监理单位安排专人前往预制构件厂长期驻厂监造,生产期间对构件进行隐蔽验收,对构件相关材料进行见证送检,驻场监理人员每日必须针对当日构件生产、验收、送检情况完成驻场日记,同时以监理日报形式向工地现场监理部作相关工作汇报。

4.4.2　总承包与政府行业监管部门的协同

政府行业监管部门和建设单位、监理单位、EPC 总承包商、第三方检测中心、分包商在工程建设过程中是监督与被监督的关系,各方应密切协作、加强管理,建立正常的联系渠道,强化信息交流手段。政府行业监管部门代表政府部门对总承包项目行使政府质量监督职能。

在总承包项目的竣工验收阶段,建设单位负责项目的竣工验收工作,EPC 总承包商先进行预验收,并积极配合建设单位的各项验收工作,监理单位和政府行业监管部门等也参与其中。装配式建筑过程施工阶段,应与政府行业监管部门协商过程分段验收方案,以便后续精装等工序的提前插入。

4.4.3　设计与生产的协同

①在方案设计阶段,应配合设计进行预制外墙立面设计,确定构件宜生产加工。

②初步设计阶段,应配合设计进行预制构件拆分,提供工厂生产模台尺寸和吊车吊重等资料。

③在施工图设计阶段,应配合结构设计进行预制构件拆分深化设计、构件连接节点设计、构件钢筋标准化配筋设计、构件钢筋优化构造设计以及预留预埋设计。

④配套模具设计技术、模具装拆技术应协同结构构件拆分设计技术和构件钢筋构造设计技术,以标准化配套、易于组装为原则。

⑤构件吊装技术应协同结构构件拆分设计技术和预留预埋设计技术,以与构件匹配化、标准化为原则。

4.4.4　设计与施工的协同

①在方案设计阶段,应配合设计进行总平面布置,充分考虑预制构件运输、存放、装配化吊装施工等因素,确定运输通道、塔式起重机布置和构件临时堆场的设计。

②在施工图设计阶段,应配合结构设计进行预制构件拆分深化设计、构件连接节点设计以及预留预埋设计。

③支撑施工技术应协同结构构件拆分设计技术和预留预埋设计技术,在保证安全的前提下,采用标准化、工具化支撑体系,以少支撑、免支撑为原则。

④外架施工技术应协同结构体系设计技术、结构构件拆分设计技术和预留预埋设计技术,采用标准化、工具化外架体系,以提供合适高空作业平台,自动化快捷爬升为原则。

4.4.5　各专业之间的协同

遵循建筑、结构、机电、内装一体化的原则,进行协同设计、协同生产、协同装配。利用BIM的三维可视化、专业协同、信息共享平台,实现建筑、结构、机电、内装各系统的设计、生产、装配全过程协同。在技术策划阶段,应充分了解项目定位、建设规模、产业化目标、成本限额、外部条件等影响因素,与结构、内装、机电等专业协同确定建筑结构体系、建筑内装体系、设备管线综合方案,遵循标准化、模块化、一体化的设计原则,制定合理的建筑设计方案,提高预制构件和内装部品的标准化程度。应有BIM完整概念的策划。通过信息化技术来提高工程建设各阶段、各专业之间的协同配合,并提高效率和质量,实现一体化管理。

4.5　装配式建筑安全文明施工管理

只要是建筑施工的生产活动,无论是装配式施工还是现浇施工,都具有一定的危险性。为避免人员伤亡和财产损失,都必须注重施工中的安全生产与文明施工。装配式建筑施工也应该遵循安全文明施工的标准化管理,对安全文明施工标准和设备的安全使用进行详细介绍,加强操作人员的警示教育,保证从业人员的人身安全。

安全文明施工管理主要有以下几个方面。

①完善的安全文明管理体系。由于施工现场的设备及材料相对复杂,作业危险性较大,需要建立完善的安全管理保证体系。安全文明管理体系一般由施工企业负责人、施工项目经理、专职安全生产管理部门负责人、专职和兼职的安全管理人员组成。在完善安全文明管理体系过程中要力求建立以"事事有人管,人人有责任"为原则的安全技术责任制。

②临时用电、安全防护、文明施工的标准化管理。临时用电是发生安全事故较多的环节,做好临时用电的标准化管理,保证用电系统的规范布设、配电装置的标准配备是至关重要的。一般情况下,施工现场临时用电采用的是三相五线制的标准布设。施工用电设备在 5 台以上或设备总容量在 50 kW 以上,应编制安全用电专项施工组织设计。施工现场的电缆埋设深度与高空架设高度应满足安全要求,各级配电箱应端正、牢固、防雨、防尘,并加锁,且应设置安全警示标志。

安全防护的标准化管理主要是指施工中配备的各项标准化的安全防护措施和劳动保护用品。如:距离底面 1.5 m 及以上高度的高空作业人员必须系好安全带,徒手攀爬时严禁手持物品等。

文明施工的标准化管理指的是施工场地场容场貌、标识标牌以及作业人员的生产、生活环境条件的管理,均应符合《施工企业安全生产管理规范》的要求。

③操作人员的安全警示教育。施工现场的一线操作人员需要定期(每年至少一次)开

展安全警示教育,熟悉施工现场的安全警示标志,提高安全防范意识。

④事故的应急处理预案。项目经理需要结合本项目的安全生产实际情况,确定易发生事故的部位,分析可能导致事故的原因,有针对性地编制事故应急预案,落实组织机构、统一指挥、明确职责。保证发生突发事故时,应急救援预案能够及时启动,有序实施。

本 章 小 结

施工组织设计是在工程施工过程中,根据工程特点、现场条件和法律法规文件等依据,全面规划和安排施工活动的过程。它的编制应具备真实性的预见性,能够客观反映实际情况,并包含项目的施工全过程。主要内容包括编制说明及依据、工程特点及重难点分析、工程概况、工程目标、施工组织与部署、施工准备、施工总平面布置、施工技术方案和相关保证措施。施工组织设计的编制依据应包括与工程建筑有关的法律法规文件和现行的规范标准,以及工程设计文件、施工图纸和施工合同等。施工总平面布置时,需根据预制构件的种类、数量和位置设置构件专用堆场及道路,并考虑构件运输的要求。施工准备包括施工准备工作组织及时间安排、技术准备、资源准备和现场准备。施工组织设计的目的是通过合理的规划和安排,提高施工效率,确保施工顺利进行,并达到工程的质量、工期、安全生产、文明施工等目标。

装配式混凝土建造项目的进度管控原则和内容非常重要。管控原则包括选择 EPC 总承包管理模式,协调设计、生产、施工;建立建筑、结构、机电、装修一体化的技术体系,提高效率。管控内容包括统筹考虑设计、生产、施工等环节,明确出图时间节点和深度;提前介入构件生产,为特殊构件做准备;与各方频繁沟通等。控制项目进度,需要从事前控制、事中控制和事后控制三个方面进行。事前控制包括确定工期目标、制定总进度计划、施工方案和保障措施。在施工进度计划编制中,要重点关注起重设备使用和构件吊装计划。事中控制包括审核实际进度和计划进度的差异,并提出调整措施和方案。事后控制主要是针对实际进度与计划进度的偏差,制定保证总工期不突破的措施和补救措施,调整施工计划并协调配套设施和保障措施。

装配式混凝土建筑施工中,资源配置是关键管理任务。劳动力配置包括合理组织和高效利用劳动力,如吊装工、灌浆工等。材料和预制构件配置需要提前确定数量和规格,保证与设计和规范要求相符。机械设备配置需要根据工程特点选择适当的设备,如移动式汽车起重机和塔式起重机。

各方协同合作也至关重要,包括总承包与建设、监理的协同,总承包与政府行业监管部门的协同,以及设计与生产、施工的协同等。另外,安全文明施工管理要求建立完善的安全管理体系,标准化管理临时用电、安全防护和文明施工,并进行安全警示教育和事故应急处理预案的制定。

本 章 习 题

一、选择题

1. 施工组织设计的编制应具备什么特点？（　　）

A. 技术先进、部署合理、工艺成熟　　　　B. 针对性、指导性、可操作性强

C. 真实性的预见性、客观反映实际情况　　D. 具备所有以上特点

2. 施工组织设计的编制依据应包括哪些？（　　）

A. 工程设计文件及工程施工合同

B. 工程地质及水文地质、气象等自然条件

C. 与工程建筑有关的法律法规文件和现行的规范标准

D. 所有以上选项

3. 施工总平面布置的要求包括哪些？（　　）

A. 根据预制构件的种类、数量和位置设置构件专用堆场及道路

B. 考虑预制构件的堆载重量、堆放数量等要求设置混凝土预制构件堆场

C. 设计能满足构件运输车辆要求的构件运输道路

D. 所有以上选项

4. 装配式混凝土建造项目进度管控的原则和内容中，以下哪个是管控原则？（　　）

A. 协调设计、生产、施工　　　　　　　　B. 统筹考虑设计、生产、施工等环节

C. 准备特殊构件　　　　　　　　　　　　D. 频繁沟通

5. 装配式混凝土建造项目进度管控的内容需要从以下哪些方面进行？（　　）

A. 事前控制、事中控制、事后控制

B. 频繁沟通、审批进度计划、调整施工计划

C. 构件吊装计划、起重设备使用计划

D. 保证总工期不突破、制定补救措施

6. 在装配式混凝土工程的进度计划编制中，应重点关注以下哪些内容？（　　）

A. 构件生产和图纸时间节点　　　　　　　B. 施工总进度计划和单位工程进度计划

C. 施工技术程序和工程开展程序　　　　　D. 起重设备使用和构件吊装计划

7. 装配式混凝土建筑施工劳动力配置的核心是什么？（　　）

A. 合理组织和高效利用劳动力　　　　　　B. 提前确定施工进度计划

C. 调整施工进度和劳动量　　　　　　　　D. 关注特殊构件的生产安排

8. 预制构件的尺寸、外观和钢筋等应满足哪些要求？（　　）

A. 设计和有关规范、标准要求　　　　　　B. 建设单位批准的材料样板要求

C. 现行国家规范和设计要求　　　　　　　D. 材料的特性和使用部位要求

9. 在装配式混凝土建筑施工中,预制构件的管理应采取以下哪种措施?(   )

A. 建立管理台账,进行材料的技术管理　　B. 对预制构件进行分类堆放

C. 进行材料的见证送检　　　　　　　　　D. 进行编码使用管理

10. 在总承包项目的竣工验收阶段,建设单位负责项目的竣工验收工作,EPC 总承包商应先进行以下哪项验收?(   )

A. 预验收　　　　　B. 结构验收　　　　　C. 加固验收　　　　　D. 室内装修验收

二、问答题

1. 施工组织设计的主要内容有哪些?请简要描述其中的几项。

2. 施工组织设计中的施工准备包括哪些内容?为什么施工准备很重要?

3. 在装配式混凝土建造项目中,为什么施工准备很重要?请简要描述施工准备的内容。

4. 装配式混凝土建造中的施工现场与设计、构件厂的协调为何重要?请说明其作用和需要注意的事项。

5. 请简要描述劳动力配置在装配式混凝土建筑施工中的重要性和具体内容。

6. 请简述安全文明施工管理在装配式混凝土建筑施工中的重要性和关键要点。

5 数字孪生综合实训演练系统

5.1 系统介绍

装配式建筑工程数字孪生综合实训演练系统是通过物联网、数字孪生技术、人工智能算法和云技术赋能装配式建筑工程教学的应用创新,利用虚拟仿真技术,以虚实结合的方式将数字孪生技术融入装配式建筑工程职业技能教育体系,从而打造的高效创新的以教学闭环为目标的实战演练系统。旨在通过装配式建筑沙盘实体和平台的搭建,为学生提供全时段全方位的理论与实践学习资源,帮助学生提升岗位核心竞争力;为学校提供新的理论实践一体化教学模式,将学校建设成为装配式建筑工程信息化教学示范点;同时,让院校与企业在人才培养上实现双向互助,最终提升院校教育的社会服务能力。装配式工程 IDT 实训沙盘如图 5-1 所示。

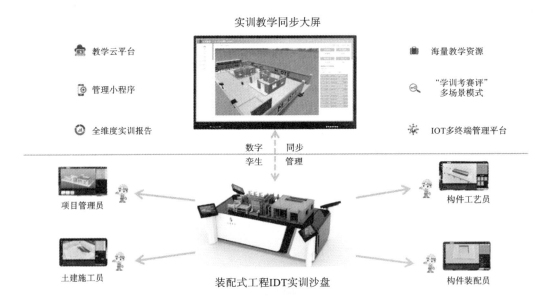

图 5-1 装配式工程 IDT 实训沙盘

对实战演练中的地基基础、预制柱、预制墙、叠合梁、楼梯等构件(硬件)进行全连接，推动深度洞察与决策智能化，实现实时可感、瞬息可知、极致可视、安全可控为一体的实战演练系统，以弥补高校学生在装配式建筑工程信息化教学资源与实践操作渠道资源的不足。

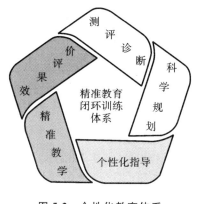

图 5-2　个性化教育体系

在演练过程中，通过对学生及学员的综合信息采集及画像，全方位构建基于他们的成绩、知识、行为、品德、素质、能力等方面信息的数字孪生系统，实现因材施教、个性化教学，促进学生及学员的全方位发展。个性化教育体系如图 5-2 所示。比如可以收集学生的实训课堂表现、平时作业、实训测验、考试等学习及考试指标，依托人工智能，全面分析学生的解题思路及习惯，了解他们对基础知识点的掌握，发现他们的弱点及易错点，再结合综合的知识体系建设，对学生进行精准的辅导及强化练习，从而让他们快速补短板，提升成绩和能力，同时还能减轻他们的学习负担，使之能够把更多的时间花在自己感兴趣的领域，提升综合素质及能力。

5.2　系统演练流程

装配式建筑工程数字孪生综合实训演练系统流程基本涵盖以下几个环节。

①全装配式建筑工程环节：装配式项目管理、工程任务计划、构件生产、构件安装、施工过程、施工工艺、施工管理等。

②全场景全模型设计：硬件部分分为构件堆放区和施工区，包含地基基础、预制柱、预制梁、预制墙板、叠合板、预制楼梯、阳台板以及现浇部分等相关实体构件，可重复搭建、拆装、管理，按照 1∶10 的比例模拟构件装配化施工环境。

③全工艺品质管理设计：软件部分不仅真实还原实体构件硬件部分等装配化施工工艺，还真实再现构件生产、钢筋绑扎、混凝土施工、套筒灌浆等施工工艺；同时，针对施工过程进行有效的施工质量控制、管理。

④装配式建筑工程数字孪生综合实训演练系统支持单机的实训模式和多机的实训模式，通过装配式建筑工程数字孪生综合实训云平台实现统一管理。平台分权分域管理，旨在实现教学资源管理、实训任务管理、人员管理、设备管理、"学考赛"多模式管理、成绩数据管理。

5.3 系 统 组 成

装配式建筑工程数字孪生综合实训演练系统的硬件设备包括实训操作台、构件堆放区、装配施工区、可视化教学大屏、实训教学管理平台,如表 5-1 所示。

表 5-1 装配式建筑工程数字孪生综合实训演练系统的硬件设备

硬 件 设 备	硬 件 图 示	功 能 介 绍
实训操作台	 ①—构件堆放区;②—装配施工区; ③—操作平板电脑;④—控制中心; ⑤—实训操作台;⑥—收纳空间; ⑦—沙盘指示灯	实训操作台包括实训操作桌、操作平板电脑及控制中心三部分,主要目的是方便实训人员在平台上协同进行装配式建筑工程施工过程实战演练,同时对沙盘所有预制部件的存放、维护进行管理。 外观尺寸:275 cm×115 cm×80 cm。 外部物理接口:电源接口(AC220V)、网口、天线接口等。 实训操作桌:内部设推拉门(天幕)、升降台等设备。 操作平板电脑:由四个高配置触控屏组成,分别固定于实训操作台四个角;同时支持单人或四个人员同时学习、考核、测评。系统预设项目管理员、构件工艺员、构件装配员和土建施工员四个角色。 控制中心:是集设备管理、实训安全管理、网络管理等于一体的多功能控制管理工具,为整个设备提供电源转换,升降、推拉门电机驱动和逻辑控制、网络数据通信以及人员操作安全检测控制等。 双重防夹保护:红外光幕自动检测系统、急停按钮。 实训操作台可适配多类型、多模块的实训沙盘,具有较强的扩展性

硬 件 设 备	硬 件 图 示	功 能 介 绍
构件堆放区		所有预制构件内置物联网感知模块,设有状态指示灯,实时监控构件模块的状态、数量、位置等;每个模块槽位设有充电接口和充电控制板,方便对预制构件进行充电;模块槽位还可以智能化管理,引导用户规范使用和收纳,便于管理维护
装配施工区		装配施工区包含地基和主体结构两部分;地基设在操作台上,主要承载主体结构构件的搭建;主体结构包含预制墙、预制柱、预制楼梯等竖向构件和叠合梁、叠合板、阳台板等水平构件;构件设有工作状态指示灯,实训过程中可随时检测预制构件工作状态;整体搭建采用磁吸方式,可重复拆装、搭建,循环实训操作;防呆型搭建设计,轻松掌握操作方法,不易出错或因搭建不到位而造成检测故障或其他损坏
可视化教学大屏		该大屏是独立于操作台,方便展示实训内容及要求的大屏,同时还可用于教师下发任务及通知,并能对实训过程实时进行数据统计
实训教学管理平台		教学管理端是通过平台创建的一个为客户服务的教学管理终端,使用群体一般由学校、考培机构和公司的终端客户组成,主要用于机构的管理和实训教学组织等。使用人员包括三种身份——机构管理员、教师、学生

5.4　系统核心技术

装配式建筑工程数字孪生综合实训系统为使产品更加便于管理,使学生学习更加场景化与智能化,使后续产品更加容易迭代、更新和延展,在仿真系统中采用了自主创新的3+1+X核心技术。3+1+X技术顶层设计如图5-3所示。

IDT拟态仿真系统3+1+X技术顶层设计

1+X：标准软硬件仿真平台

<u>1</u>：一个通用标准的仿真沙盘实训桌。IDT实战演练沙盘产品化设计：硬件平台,物联、通信、数字孪生和控制系统都是标准化设计,可以适配各种仿真内容。

<u>X</u>：满足多种跨学科跨行业的仿真实训需求。在同一个沙盘上可以适配不同的实训模块,满足不同类型不同行业的仿真系统。还可以自由搭建,快速迭代和替换。

DTM技术
DTM（digital twin module）数字孪生模块化设计技术

GCL多边技术
GCL（global client link）全域用户自定义联动技术

AIoT-cp技术
（AIoT-centre platform）智能化物联网控制系统

大雁科技自主创新开发的这几项专业技术,实现学校各个科学各个项目各个模块的实训产品的技术核心。

图 5-3　仿真系统 3+1+X 技术顶层设计

①DTM 技术:"DTM"是"digital twin module"的简称,该技术是数字孪生模块化设计技术。通过物联网平台采集的数据,自主设计缩比仿真物理模型并结合数字孪生相关技术,经过统计和分析计算,将沙盘数字模型数据映射到 3D 可视化教学大屏上,让实物和虚拟模型进行同步互动,解决大场景、720 度可视化实时感知体系,模拟完成整个工程项目全周期的管理。

②AIoT-cp 技术:"AIoT-cp"是"AIoT-centreplatform"的简称,该技术是一种基于物联网(IoT)和人工智能(AI)技术的控制系统。基于自主研发的设备管理与智能业务管理相分离的物联网远程管理技术,装配式建筑工程的沙盘上每个部件都设计相应的传感器,可以实时感知、获取各部件的基础数据;在实训过程中,通过控制器应用物联网技术,将采集的数据上传到云端,并作为物联网终端远程管理系统的核心,为数字智能实训业务服务。

③GCL 技术:"GCL"是"global client link"的简称,全域用户自定义联动,基于平台大数据的贯穿性,用户可根据自身需求,定义数据和控制的关联,实现智能化的闭环联动。从人、事、物、场、数据全方位实现"5D 全域"管理,实现对在学生的实时追踪、记录成长轨迹,形成标签化精准动态信息,建立千人千面的个人档案库,辅助学校进行群体分析,提升教学质量。

④平台核心技术"1+X"。

"1":一个通用标准的仿真沙盘实训桌。实战演练沙盘产品化设计:硬件平台,物联、通信、数字孪生和控制系统都是标准化设计，可以适配各种仿真内容。

"X"：满足多种跨学科跨行业的仿真实训需求。在同一个沙盘上可以适配不同的实训模块，满足不同类型不同行业的仿真系统。还可以自由搭建，快速迭代和替换。

5.5 主要岗位成员组成

装配式建筑工程数字孪生综合实训系统主要岗位有项目管理员、构件工艺员、土建施工员、构件装配员，涵盖整个装配式建筑工程施工全过程整个周期。

5.5.1 项目管理员

全面负责装配式建筑工程的质量控制、进度控制、成本控制。建立健全项目各项管理制度。负责加强内外协调，保证装配式建筑工程施工过程中的资源供给，合理组织施工力量，保证施工质量和工期。完善内部基础管理，指导下级工作，奖优罚劣。负责组织装配式建筑工程施工过程中的相关质量检查及验收工作。

5.5.2 构件工艺员

参与编制预制构件生产工艺方案；负责组织编制工序作业标准及组织预制构件生产工艺方案的交底与培训；负责核查生产工艺条件；负责指导和监督预制构件生产过程工艺执行情况，及时纠正执行过程中的偏差，规范工艺流程；参与解决预制构件生产过程中的工艺技术难题；参与预制构件生产质量事故和安全事故调查分析；负责预制构件生产工艺流程的信息化管理。

5.5.3 土建施工员

编制装配式建筑套筒灌浆作业施工方案；负责现场构件定位放线、标高测定、吊装、安装、调平、校正；负责外墙、内墙构件的砂浆密封和套筒灌浆连接；负责构件表面预埋件凹槽部位的处理；负责施工现场进度的控制和与有关单位的沟通协调。

5.5.4 构件装配员

编制装配式建筑预制构件现场安装方案；负责预制构件进场及现场堆放；负责预制构件吊装机械选型、机具和吊具的选择等；负责预制构件的安装及临时支撑；负责施工现场进度的控制和有关装配式建筑施工员主要工作任务。

本 章 小 结

装配式建筑工程数字孪生综合实训演练系统采用物联网、数字孪生技术、人工智能算法和云技术,旨在提供全时段全方位的教学资源和个性化教育体系,帮助学生提升核心竞争力,同时实现教育与企业的互助。

本 章 习 题

一、选择题

1. 装配式建筑工程数字孪生综合实训演练系统的目标是什么?(　　　)

A. 提供全时段全方位的理论与实践学习资源

B. 提供装配式建筑工程信息化教学示范点

C. 实现教育与企业的双向互助

D. 打造高效创新的以教学闭环为目标的实战演练系统

2. 装配式建筑工程数字孪生综合实训演练系统的3+1+X核心技术中"3"包括以下哪些?(　　　)

A. DTM技术、AIoT-cp技术、GCL技术

B. AIOT-cp技术、GCL技术、平台核心技术

C. DTM技术、GCL技术、平台核心技术

D. DTM技术、AIoT-cp技术、平台核心技术

3. 装配式建筑工程数字孪生综合实训演练系统的硬件设备包括以下哪些?(　　　)

A. 实训操作台、构件堆放区、装配施工区、可视化教学大屏、教学管理平台

B. 实训操作台、构件工艺区、施工区、教学大屏、教学管理平台

C. 实训操作台、构件堆放区、施工区、可视化教学大屏、教学管理平台

D. 实训操作台、构件堆放区、装配施工区、教学大屏、教学管理平台

二、问答题

1. 请简述装配式建筑工程数字孪生综合实训演练系统的主要岗位成员组成。

2. 请简述装配式建筑工程数字孪生综合实训演练系统的核心技术"3+1+X"。

6 装配式建筑施工技术演训任务指导

6.1 实训目的和要求

6.1.1 实训目的

①熟悉装配式建筑工程施工全过程项目管理。

②了解装配式建筑工程安全生产知识。

③掌握装配式建筑工程构件生产工艺流程。

④掌握装配式建筑工程施工构件安装作业流程。

⑤掌握装配式建筑工程竖向构件套筒灌浆作业流程。

⑥掌握预制构件、现浇部分以及节点处理等质量检查要点。

⑦了解施工现场日常工作并要求会处理日常工作中的问题。

⑧熟悉吊具检查要求及吊具组装要点。

⑨掌握装配式建筑工程现浇部分的钢筋工程、模板工程及混凝土工程施工要点。

6.1.2 实训要求

①会对装配式建筑工程施工进行全过程管理。

②能够识别预制构件现浇部分以及节点处理等质量问题并进行处理。

③能够对各类预制构件进行生产制作。

④熟练操作套筒灌浆作业。

⑤熟练安装各类竖向构件和水平构件。

⑥能够规避装配式工程施工过程中的安全隐患。

⑦会把控装配式工程施工过程中的质量问题。

⑧能够把控钢筋工程、模板工程以及混凝土工程施工要点并指导施工。

6.2 实训流程说明及登录界面

6.2.1 实训演练系统流程

如图 6-1 所示,装配式建筑工程数字孪生综合实训演练系统流程由四大部分组成。

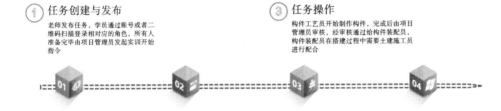

① **任务创建与发布**
老师发布任务,学员通过账号或者二维码扫描登录相对应的角色,所有人准备完毕由项目管理员发起实训开始指令

③ **任务操作**
构件工艺员开始制作构件,完成后由项目管理员审核,经审核通过给构件装配员,构件装配员在搭建过程中需要土建施工员进行配合

② **任务施工流程制定**
项目管理员开始布置施工顺序,然后下发所有人进行投票,如有人不认可则重新排序,直到所有人通过后开始正式的施工

④ **收纳整理**
所有人工作完成后,项目管理员提交建设完成申请,所有人将实体构件安装回堆放区充电和收纳,构件收纳完成后出各自成绩

图 6-1 装配式建筑工程数字孪生实训系统流程示意图

①任务创建与发布:老师发布任务,学员通过账号或者二维码扫描登录相对应的角色,所有人准备完毕由项目管理员发起实训开始指令。

②任务施工流程制定:项目管理员对实训任务中的整个装配式建筑工程施工工艺流程进行排布,随后下发至其他岗位人员进行审核确认,如有任何一个岗位人员不认可,则退回至项目管理员进行重新排布,直到所有岗位人员通过后,才可正式进行下一环节的实训任务。

③任务操作:构件工艺员通过平板电脑在三维虚拟仿真场景中开始制作实训任务中所需要的预制构件,每完成一个预制构件的生产,由项目管理员进行审核,审核通过后流转至构件装配员,构件装配员通过数字孪生技术进行虚实结合搭建,其中搭建过程中由土建施工员进行配合施工,如灌浆施工、基层处理等。

④收纳整理:所有岗位人员工作完成后,项目管理员提交实训结束申请,所有岗位人员将搭设完成的沙盘进行拆卸,将预制构件放回堆放区各自的位置进行充电及收纳,收纳完毕后,结束实训任务,可直接查看各自岗位角色的成绩和小组成绩。

6.2.2 开机进入登录界面

开机自检全部通过后,系统会显示登录界面。登录界面会根据角色不同,界面的颜色也会有所不同。以项目管理员为例,可以通过输入账号、密码进行登录,也可以通过微信扫描二维码进行登录。注意:如老师没有下发实训任务给当前学生,当前学生登录不了本实训系统。

6.2.3　项目管理员准备及操作台升降界面

准备界面:学生账号登录后会进入准备界面。如图 6-2 所示,以项目管理员准备界面为例,4 位学生登录后会看到各自所扮演的角色以及包含头像名字等信息,还能看到当前的任务信息。除了项目管理员以外,需要在界面上点击准备按钮进行准备。当其他 3 人都准备好后,项目管理员点击 **开 始 实 训** 按钮开始进行实训。所有人的登录界面均会显示操作台升降界面,现实的实训操作台会将沙盘升到桌面。

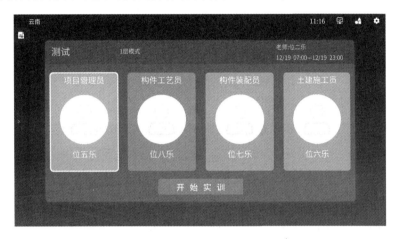

图 6-2　准备界面

6.3　项目管理员实训操作

6.3.1　进场安全教育

登录之后,首先进行施工现场安全教育,主要目的是让施工现场施工人员了解安全生产的概念,从而保证施工现场安全生产,提高施工现场施工人员安全意识,加强自我防范,降低安全事故的发生概率,保障施工现场安全文明生产。

6.3.2　学习领会施工组织设计

施工组织设计是以一个建设项目或建筑群等单项工程为编制对象,用以指导其施工全过程各项活动的技术、经济综合文件,是对建设项目施工组织的通盘规划。施工组织设计的主要作用是:确定实施方案、论证施工技术经济合理性,为建设单位编制基本建设计划、施工单位编制建筑安装实施计划、组织物资供应等提供依据,确保及时地进行施工准备工作,解决有关建筑生产和生活等若干问题。因此,施工组织设计是实训开端必不可少的部分。

6.3.3 编制预制构件安装计划

①任务说明：预制构件安装计划，是施工方案编制的一部分，有了合理的安装计划，能够快速有效地进行实训。

②任务出现条件：实训开始后，系统自动推送。

③任务操作：在任务界面中，选择编制构件安装计划任务并点击。

点击左下角的横向任务操作区内给定的多个方案，当点击任意一个方案，右下角会出现对应的构件安装计划，通过点击 按钮查看图纸或施工组织设计来确定最优的方案，如图 6-3 所示。确定无误后点击 提交 按钮提交给另外 3 个岗位人员进行审核。提交审核后系统会生成审核子任务，点击即可查看审核进度，如有 1 个岗位人员退回，则将重新编制构件安装计划，并再次提交。

图 6-3 选择编制构件安装计划任务

当所有岗位人员一致通过后，点击图标 ，如图 6-4 所示，构件安装计划任务中即显示当前通过的构件安装计划顺序。

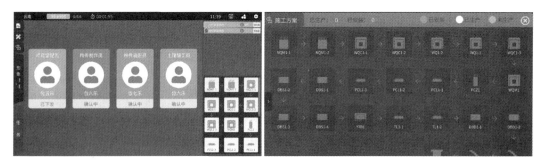

图 6-4 构件安装计划顺序

6.3.4　施工现场检查

①任务说明:安装部位后浇混凝土质量检查;伸出钢筋质量检查。

②任务出现条件:构件安装计划通过审核后出现。

③任务操作:现场施工区域展示页面变成施工现场环境,点击地基上的问题如钢筋弯曲、钢筋生锈和一些地面混凝土质量问题进行修复。修复完成后点击 完成检查 结束任务。现场检查界面如图 6-5 所示。

图 6-5　现场检查界面

6.3.5　原材料进场检验——灌浆料

①任务说明:灌浆料的规格及质量检查;灌浆料进场的取样规则。

②任务出现条件:构件安装计划通过审核后出现。

③任务操作流程:查验检测报告→取样送检→称量材料→搅拌制作→试模流动度测量→二次搅拌→二次制作试模→二次流动度测量。

6.3.6　原材料进场检验——钢筋

①任务说明:钢筋的规格、数量及质量检查;钢筋的重量检查;钢筋进场的取样规则。

②任务出现条件:构件安装计划通过审核后出现。

③任务操作流程:查验检测报告→钢筋规格检查→取样→重量偏差测量。

6.3.7　吊装机具选型与进场

①任务说明:对构件吊装机械的选择;吊装机械吊装所处位置的确定。

②任务出现条件:构件安装计划通过审核后出现。

③任务操作:如图 6-6 所示,先点击横向任务操作区内汽车吊的图标,在右边会对应出现汽车吊的型号、参数等,根据图纸及规范选取最适合的起吊机械,再点击 确定 完成选择。然后点击场景内预设的 5 个可停放位置的其中一个,此时起重机械方可进场。

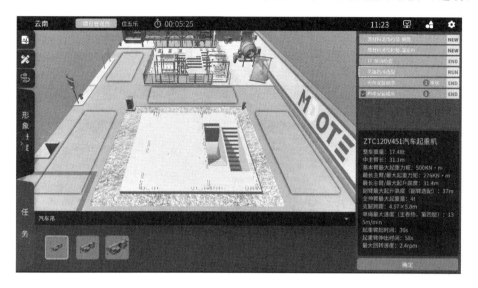

图 6-6 吊装机具选型

6.3.8 构件进场检验

①任务说明:构件的外观质量检查;构件的钢筋规格及数量审核;预埋件的规格及数量审核。

②任务出现条件:构件工艺员完成某一类构件生产后,系统自动推送。

③任务操作:构件审核界面如图 6-7 所示,可以通过旋转三维展示界面查看是否有质量问题,如有问题点击模型上质量问题会跳出弹框,届时可通过选择当前的问题类型进行修复。右边操作栏会显示构件的所有参数,根据图纸和规范判断构件是否合格,如有问题点击 退回 按钮会出现弹窗,选择质量问题的类型,点击退回按钮即可退回给构件工艺员。如没有问题可以点击 通过 按钮,构件会完成质量检查并组织进场,组织计划里相对应的同类型构件将全部显示已生产。

6.3.9 灌浆料制备及检测审核

①任务说明:对灌浆料的流动度进行审核,以保证灌浆作业质量。

②任务出现条件:土建施工员做完灌浆料制备与检测任务并提交后,即可推送至项目管理员。

③任务操作:项目管理员通过灌浆料使用说明书来对照参数,点击 通过 按钮之后,土

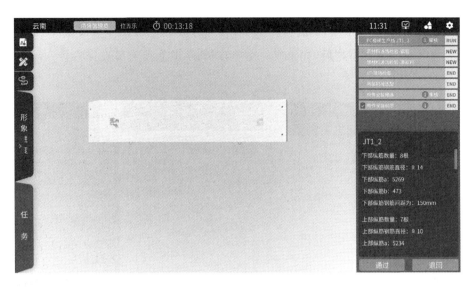

图 6-7　构件审核界面

建施工员即可进行灌浆作业。如发现存在问题可以点击 退回 按钮，并会显示退回原因，随后根据实际情况进行重新调整后即可正常进行。操作界面如图 6-8 所示。

图 6-8　灌浆料使用说明书界面

6.3.10　竖向钢筋绑扎审核

①任务说明：楼面钢筋绑扎的质量以及钢筋的规格、数量和长度的审核。

②任务出现条件：施工员完成竖向钢筋绑扎后，系统自动推送至项目管理员。

③任务操作:根据图纸和规范,点击横向任务操作区内的竖向钢筋节点图标,右边的操作区会显示对应的钢筋参数,三维操作界面中会自动拉近并切换至对应的节点,如图6-9所示。每个图标被选中后,都会有 通过 和 退回 按钮,若点击 退回 按钮,需要勾选退回的原因。当9个节点都审核后,如果有一个节点错误,其余所有节点都将会一起退回到土建施工员。

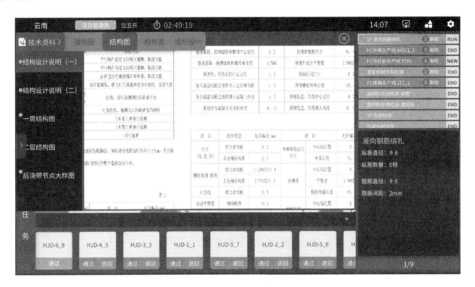

图6-9 竖向钢筋绑扎审核界面

6.3.11 楼面钢筋绑扎验收

①任务说明:楼面钢筋绑扎的质量以及钢筋的规格、数量和长度的审核。

②任务出现条件:施工员完成楼面钢筋绑扎后,系统自动推送至项目管理员。

③任务操作:根据图纸和规范,点击横向任务操作区内的楼面钢筋节点图标,右边的操作区会显示对应的参数,三维拟态场景会拉近到对应的节点,如图6-10所示。每个图标被选中后会显示 通过 和 退回 按钮,点击 退回 按钮需要勾选退回的原因。当15个节点都审核后,如果有一个节点错误,其余所有节点都将会一起退回到土建施工员。

6.3.12 混凝土进场检验

①任务说明:混凝土浇筑申请;混凝土泵车的位置选择;进场混凝土的和易性检查。

②任务出现条件:施工员完成楼面钢筋绑扎后,系统自动推送至项目管理员。

③任务操作流程:混凝土浇筑申请→泵车就位→查验检测报告→取样→制作试件→提起坍落度筒→测坍落度值。

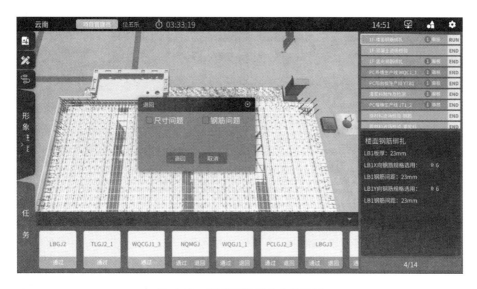

图 6-10 楼面钢筋绑扎审核界面

6.4 构件工艺员实训操作

6.4.1 进场安全教育

登录之后,首先进行施工现场安全教育,主要目的是让施工现场施工人员了解安全生产的概念,从而保证施工现场安全生产,提高施工现场施工人员安全意识,加强自我防范,降低安全事故的发生概率,保障施工现场安全文明生产。

6.4.2 学习领会施工组织设计

施工组织设计是以一个建设项目或建筑群等单项工程为编制对象,用以指导其施工全过程各项活动的技术、经济综合文件,是对建设项目施工组织的通盘规划。施工组织设计的主要作用是:确定实施方案、论证施工技术经济合理性,为建设单位编制基本建设计划、施工单位编制建筑安装实施计划、组织物资供应等提供依据,确保及时地进行施工准备工作,解决有关建筑生产和生活等若干问题。因此,施工组织设计是实训开端必不可少的部分。

6.4.3 审核预制构件安装计划

①任务说明:预制构件安装计划,是施工方案编制的一部分,有了合理的安装计划,能够快速有效地进行实训。

②任务出现条件：项目管理员编制好预制构件安装计划并提交后，系统自动推送。

③任务操作：在任务列表中可以看到预制构件安装计划审核任务，点击之后可以看到构件安装计划，对此我们可以选择确认或者退回；若发现构件安装计划不合理则选择退回，之后项目管理员重新修正，再进行提交审核，直至审核通过。当所有岗位人员一致通过后，点击图标 💲，构件安装计划任务中即显示当前通过的构件安装计划顺序。

6.4.4 构件生产工艺流程

①任务说明：对各构件生产线进行制作工艺流程设定，方便构件生产制作。

②任务出现条件：构件安装计划审核通过后，系统自动推送。

③任务操作：点击构件生产流程，构件生产线流程呈现待填写状态。将左下方的横向任务操作区的生产步骤图标 拖到左上方的七条生产线对应的空位图标中进行各自生产线的工艺流程布置，如图 6-11 所示。

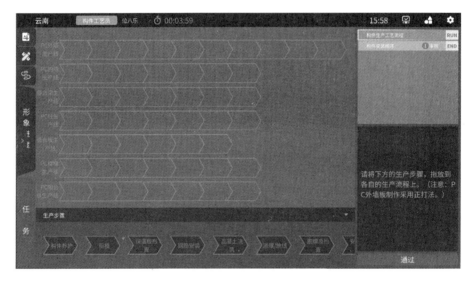

图 6-11 构件生产工艺流程界面

注意：在左下方的横向任务操作区，可以通过单指左右滑动来查看所有生产流程步骤名称。然后通过拖动，将其填在上方的各个生产线内的各自生产线流程步骤中，若生产线中的某一步中已有生产流程名称但又不是自己认可的流程名称，可将某一流程名称拖到此处则会替换。同时，生产线中的某一生产流程不对，则可移回横向任务操作区，此时便会删除。

全部布置完成后点击 通过 按钮，如果生产线有布置错误会出现弹窗，如图 6-12 所示。弹窗内会显示错误的生产线，点击 自动设定 按钮系统会自动进行更正，并且生成 7 个生产线的生产任务。

图 6-12　布置错误弹窗

6.4.5　构件生产

①任务说明，如表 6-1 所示。

表 6-1　任务说明

任务名称	任务介绍
PC 外墙 构件生产线	①采用自动化生产线进行构件生产； ②含模具组装、钢筋绑扎、套管及预埋件安装、保温板安装、混凝土浇筑、构件养护、脱模出厂
PC 内墙 构件生产线	①采用自动化生产线进行构件生产； ②含模具组装、钢筋绑扎、套管及预埋件安装、混凝土浇筑、构件养护、脱模出厂
PC 柱 构件生产线	①采用自动化生产线进行构件生产； ②含模具组装、钢筋绑扎、套管及预埋件安装、混凝土浇筑、构件养护、脱模出厂
叠合梁 构件生产线	①采用自动化生产线进行构件生产； ②含模具组装、钢筋绑扎、套管及预埋件安装、混凝土浇筑、构件养护、脱模出厂
叠合板 构件生产线	①采用自动化生产线进行构件生产； ②含模具组装、钢筋绑扎、套管及预埋件安装、混凝土浇筑、构件养护、脱模出厂
PC 阳台板 构件生产线	①采用自动化生产线进行构件生产； ②含模具组装、钢筋绑扎、套管及预埋件安装、混凝土浇筑、构件养护、脱模出厂
PC 楼梯 构件生产线	①采用固定模台生产线进行生产； ②含模具组装、钢筋绑扎、套管及预埋件安装、混凝土浇筑、构件养护、脱模出厂

②任务出现条件：构件生产工艺流程设定完成后，系统自动推送。

③任务操作：构件的生产顺序应参考施工组织计划中的安装顺序确定。此处以 PC 外墙构件生产线操作为例，其他构件生产任务参考 PC 外墙构件生产线任务操作。如图 6-13 所示，在任务栏里可以看到 7 个新增的构件生产任务，包含生产线的名字和生产的构件编号。每次生产的构件由系统在同类构件中随机选定。一个生产任务做完后系统会将所有同类构件一起制作完成。

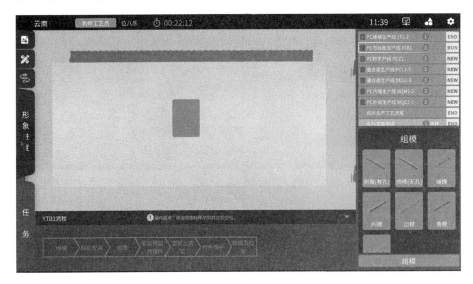

图 6-13　构件生产界面

如图 6-13 所示，构件生产界面下方为依据构件生产工艺流程制作的生产流程，白色外框为当前的制作流程，流程底色变成黑色代表流程已经完成，流程底色为灰色则代表还未开始的流程。流程上方的界面为实时的三维生产画面，此界面可以进行单手指旋转以及双手指放大缩小的操作，左边为任务的数值操作区。这两个区域内的内容会根据生产流程的进度而变化。

①清理/放线：如图 6-14 所示，点击清理模台按钮，三维拟态场景会播放动画。点击下一步会进入放线步骤。将操作区内的相关数值通过查看图纸输入，然后点击放线按钮，三维拟态场景会播放机器画线的动画，在此期间播放的动画可以跳过。点击下一步进入下一个流程。注意：填写框内会显示区间，填写的数值请不要超过此区间。如超过此区间会通过红框提示。

②组模：如图 6-15 所示，根据图纸和规范通过单指将右边操作栏里的模板拖动放到三维拟态场景区域相应的空位。先点击组模按钮会播放组模动画，待动画播放完后选择脱模剂图标，然后点击脱模剂按钮会播放脱模剂涂抹动画，待动画放完后再点击下一步按钮进入下一个流程。

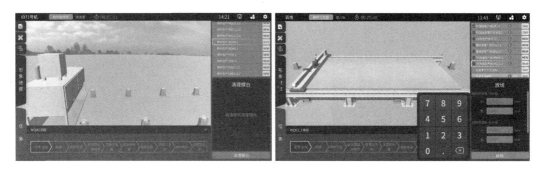

图 6-14　清理/放线

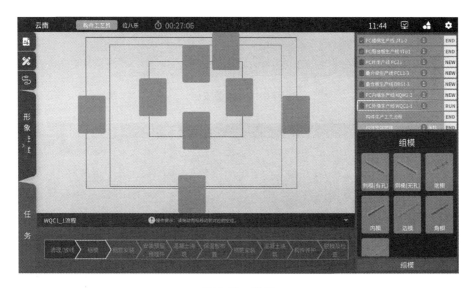

图 6-15　组模

③钢筋安装：如图 6-16 所示，进入此步骤会提示当前没有制作钢筋，点击 钢筋安装
按钮进入制作钢筋界面。操作区内的相关钢筋参数通过查看图纸输入后点击"制作钢筋"
按钮，播放钢筋绑扎动画，再点击 下一步 回到钢筋安装界面。操作区内的相关参数可通过
查看图纸输入，然后点击"入模"按钮，播放让钢筋入模的动画，完成钢筋安装过程，待动画
放完后再点击"下一步"按钮，进入下一流程。

④安装预留、预埋件：如图 6-17 所示，根据图纸和规范将右边操作栏里的预埋件相关
信息填入。构件不同，预埋件的品类和个数也会不同，应以实际任务为准，包含套筒组件、
预埋螺母等。数值确认好后点击"安装"按钮会播放安装动画，动画放完后点击"下一步"
按钮进入下一流程。

⑤混凝土浇筑：如图 6-18 所示，根据图纸和规范将右边操作栏里的混凝土参数填入。
点击 混凝土浇筑 按钮会播放混凝土浇筑动画。动画播放完成后点击 混凝土振捣 按钮会

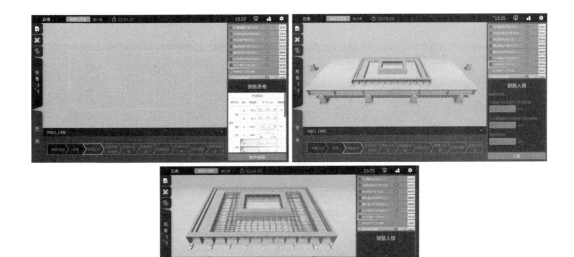

图 6-16　钢筋安装

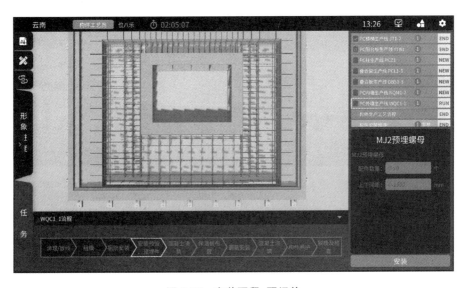

图 6-17　安装预留、预埋件

播放振捣动画。动画放完后点击 初平 按钮会播放抹子初平动画。点击"下一步"按钮进入下一流程。

⑥保温板布置：如图 6-19 所示，在三维展示区域会显示保温包的布置布局，右边操作区的要填入的信息为高亮表示的安装区域。根据图纸和规范将右边操作栏里的保温板参数填入后点击"确定"按钮就会播放保温板安装动画。将所有保温板安装完成后点击"下一步"按钮进入拉结件安装。根据图纸和规范将右边操作栏里的拉结件参数填入后点击"安装"按钮会播放拉结件安装动画，待动画放完再点击"下一步"按钮进入下一流程。

图 6-18　混凝土浇筑

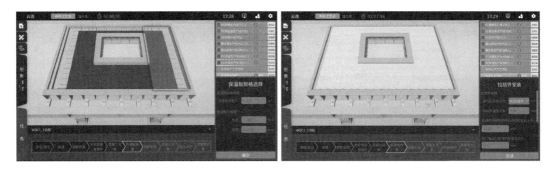

图 6-19　保温板布置

　　⑦构件养护：如图 6-20 所示，先进行预养护，根据图纸和规范将右边操作栏里的预养护参数填入后，点击 预养护 按钮会播放预养护动画，待动画完成后接着点击"抹光"按钮会播放抹光动画，待动画完成后再点击"下一步"按钮进入构件养护界面。根据图纸和规范将右边操作栏里的构件养护参数填入，然后点击"进行养护"按钮会播放养护动画，待动画完成后再点击"下一步"按钮进入下一流程。

　　⑧脱模及检查：如图 6-21 所示，根据图纸和规范将右边操作栏里的参数填入，点击"拆除模板"按钮会播放拆模动画，动画完成后点击"下一步"按钮进入构件质检界面。在构件质检界面可以通过旋转三维展示界面查看是否有质量问题，如有问题点击模型上质量问题会跳出弹框，可通过选择当前的问题类型进行修复。右边操作栏会显示构件的所有参数，如没有问题点击 申请管理员质检 按钮给项目管理员进行审核。

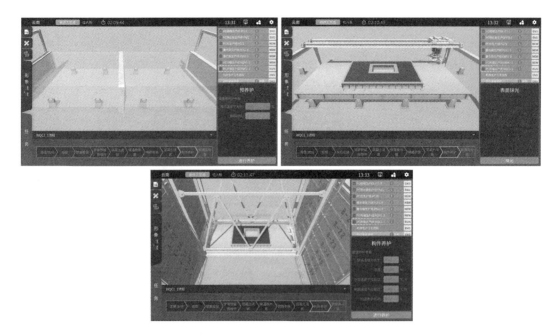

图 6-20　构件养护

图 6-21　脱模及检查

6.5　构件装配员实训操作

6.5.1　进场安全教育

登录之后,首先进行施工现场安全教育,主要目的是让施工现场施工人员了解安全生产的概念,从而保证施工现场安全生产,提高施工现场施工人员安全意识,加强自我防范,降低安全事故的发生概率,保障施工现场安全文明生产。

6.5.2　学习领会施工组织设计

施工组织设计是以一个建设项目或建筑群等单项工程为编制对象,用以指导其施工全过程各项活动的技术、经济综合文件,是对建设项目施工组织的通盘规划。施工组织设计的主要作用是:确定实施方案、论证施工技术经济合理性,为建设单位编制基本建设计划、施工单位编制建筑安装实施计划、组织物资供应等提供依据,确保及时地进行施工准备工作,解决有关建筑生产和生活等若干问题。因此,施工组织设计是实训开端必不可少的部分。

6.5.3　审核预制构件安装计划

①任务说明:预制构件安装计划,是施工方案编制的一部分,有了合理的安装计划,能够快速有效地进行实训。

②任务出现条件:项目管理员编制好预制构件安装计划并提交后,系统自动推送。

③任务操作:在任务列表中可以看到预制构件安装计划审核任务,点击之后可以看到构件安装计划,对此我们可以选择确认或者退回;若发现构件安装计划不合理,则选择退回,之后项目管理员重新修正,再进行提交审核,直至审核通过。当所有岗位人员一致通过后,点击图标 $, 构件安装计划任务中即显示当前通过的构件安装计划顺序。

6.5.4　吊具检查

①任务说明:检查吊索、索具和吊具是否有断丝、锈蚀、破损、松扣、开焊等现象,如有问题则更换或维修。

②任务出现条件:构件安装计划审核通过后,系统自动推送。

③任务操作:吊具检查主要是目测吊索、索具和吊具是否有断丝、锈蚀、破损、松扣、开焊等现象,其操作流程如下。

有问题吊索具:点击模型→查看该模型→确定是否有问题→如有问题点击相应的现象→点击更换。

无问题吊索具:点击模型→查看该模型→确定是否有问题→如无问题点击"确定"。

6.5.5　吊具组装

①任务说明:点式吊具组装;梁式吊具组装;架式吊具组装。

②任务出现条件:吊具检查完毕后,系统自动推送。

③任务操作:先选择吊具组装任务,点击进入后,随机触发右下角任务操作区中的任意一个吊具即可操作,其操作流程如下。

点式吊具组装操作流程:选择钢丝绳→点击吊点;点击任意一个吊点,即可看到对应吊点所在的角度,以帮助用户查看是否选择正确。

梁式吊具组装操作流程:选择钢丝绳→移动钢丝绳;当钢丝绳移动到与墙板对应吊点位置时,则为正确,否则错误。

架式吊具组装操作流程:预设几种角度的模型,然后通过上下移动图标进行调整,直至正确位置。

6.5.6 构件安装

①任务说明:竖向构件类安装,包括预制外墙板安装、预制柱安装、预制内墙板安装、预制隔墙安装;水平构件类安装,包括叠合梁安装、梯梁安装、叠合板安装、预制阳台板安装、预制楼梯安装。

②任务出现条件:完成构件生产工艺流程设定并提交之后,系统自动推送。

③任务操作:构件装配员根据构件安装计划表中的顺序以及构件工艺员生产构件的情况进行智能预警判断。若构件装配员拿起的构件还未生产,系统会跳出"构件未生产,请放回堆放区"的提醒。此时,请将构件放回堆放区。如图 6-22 显示,如果构件已经生产,拿起构件后,三维展示界面会出现相应构件模型。预制构件上的状态灯会显示浅蓝色并且闪烁。此时,若旋转手中的预制构件,则三维展示界面中的模型也会相应地进行旋转。通过转动查看构件上是否有问题,以及构件参数是否有问题。若有问题可以点击 退回 按钮并选择具体问题分类后退回至构件工艺员处,若无问题则根据图纸将预制构件安装在沙盘施工区对应的位置上。同时,系统也会激活该构件的后续操作任务,如吊具选型、构件对孔、构件固定等。

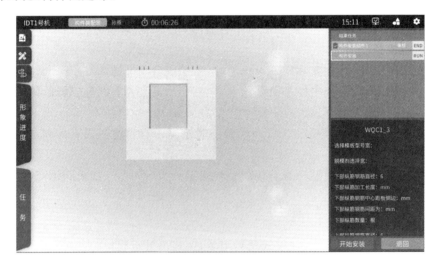

图 6-22 构件安装

吊具选型:如图 6-23 所示,根据图纸和规范,在右下角操作栏中选择构件对应的吊具图标,点击 选择吊具 按钮开始播放吊装动画。此处也可以点击"跳过"按钮跳过动画播放。

构件对孔:如图 6-24 所示,通过移动右下角任务操作区内的圆圈对准下方的钢筋,当

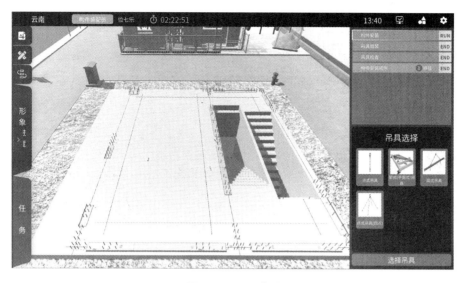

图 6-23　吊具选型

对齐后,点击 继续下放 会播放下放动画。注意:如果此时土建施工员未完成竖向构件接缝处理任务,会提示等待土建施工员完成,土建施工员完成此任务后即可继续下放。

图 6-24　构件对孔

构件固定:如图 6-25 所示,根据 IDT 拟态智造实训系统的提示安装斜支撑,将长短斜支撑从配件收纳抽屉取出,根据图纸将带有信号传输接口的一端安装在构件所在位置上。再将斜支撑另一头扣在沙盘施工区底座对应的凹槽上,设备会发出"砰"的一声提示音说明安装到位。安装后根据图纸和规范在右边操作栏里将斜支撑的参数填入。然后点击 移除吊具 按钮完成任务。注意:水平构件安装没有上面的构件对孔和构件固定步骤,其他操作同上。如果没有生产的构件可安装在沙盘施工区上,软件操作就不能激活。此时应将构件放回堆放区,根据组织计划内的生产情况进行搭建。

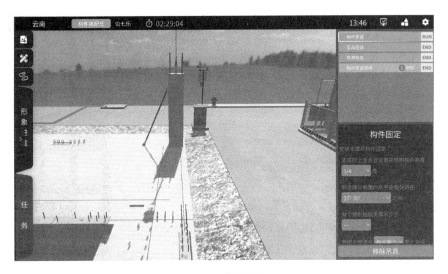

图 6-25　构件固定

6.5.7　竖向支撑安装

①任务说明:叠合梁支撑搭设;叠合板支撑搭设;预制阳台板支撑搭设。

②任务出现条件:构件装配员完成每层的所有竖向构件搭建并提交之后,系统自动推送。

③任务操作:根据 IDT 拟态智造实训系统的提示先进行竖向支撑安装,将长竖支撑从配件收纳抽屉取出,安装在沙盘施工区底座相对应的标准信号传输接口上,其中一头限位孔为凹,一头为凸。安装时请注意和其他构件的标准信号传输接口限位凹凸相互结合才能安装到位。一般安装时凹面朝上,凸面朝下。然后将右下角的任务操作栏内的竖向支撑参数填入。点击 确定 按钮完成任务。图 6-26 所示为竖向支撑安装。

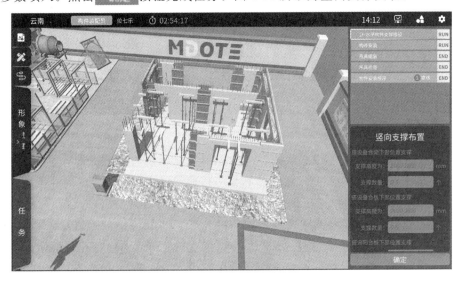

图 6-26　竖向支撑安装

6.6　土建施工员实训操作

6.6.1　进场安全教育

登录之后,首先进行施工现场安全教育,主要目的是让施工现场施工人员了解安全生产的概念,从而保证施工现场安全生产,提高施工现场施工人员安全意识,加强自我防范,降低安全事故的发生概率,保障施工现场安全文明生产。

6.6.2　学习领会施工组织设计

施工组织设计是以一个建设项目或建筑群等单项工程为编制对象,用以指导其施工全过程各项活动的技术、经济综合文件,是对建设项目施工组织的通盘规划。施工组织设计的主要作用是:确定实施方案、论证施工技术经济合理性,为建设单位编制基本建设计划、施工单位编制建筑安装实施计划、组织物资供应等提供依据,确保及时地进行施工准备工作,解决有关建筑生产和生活等若干问题。因此,施工组织设计是实训开端必不可少的部分。

6.6.3　审核预制构件安装计划

①任务说明:预制构件安装计划,是施工方案编制的一部分,有了合理的安装计划,能够快速有效地进行实训。

②任务出现条件:项目管理员编制好预制构件安装计划并提交后,系统自动推送。

③任务操作:在任务列表中可以看到预制构件安装计划审核任务,点击之后可以看到构件安装计划,对此我们可以选择确认或者退回。若发现构件安装计划不合理则选择退回,之后项目管理员重新修正,再进行提交审核,直至审核通过。当所有岗位人员一致通过后,点击图标 $, 构件安装计划任务中即显示当前通过的构件安装计划顺序。

6.6.4　清理/放线

①任务说明:预制构件吊装就位前要将结合面的混凝土残渣、油污、灰尘等清理干净。现浇混凝土表面要清理干净,保证表面平整,不能有凸出超过 10 mm 的石子。外露的钢筋要保证表面没有残留的水泥浆,且没有锈蚀;对所安装的构件进行放线定位。

②任务出现条件:完成现场检查并提交之后,系统自动推送。

③任务操作:点击地基上的杂物进行清理,清理完成后点击"放线"按钮会播放动画。

动画放完后结束任务。图 6-27 所示为清理放线显示屏页面。

图 6-27　清理放线显示屏页面

6.6.5　竖向构件接缝处理

①任务说明：预制构件安装前，应将结合面清理干净。预制构件底部应放置调整接缝高度和预制构件标高的垫片。采用灌浆料进行灌浆分仓。

②任务出现条件：完成清理放线任务并提交之后，系统自动推送。

③任务操作：本任务由垫块初平、边缝处理、坐浆处理、接缝分仓 4 个流程组成。

垫块初平：在三维展示界面中可以看到 8 个高光区域，点击其中一个开始对此施工区域进行施工；根据图纸和规范，填写相关参数，然后点击 确定下放垫块 按钮会将垫块放入，如图 6-28（a）所示。根据以上步骤将 8 个施工区域全部施工完成。

边缝处理：根据图纸和规范，在右下角的操作栏里将参数填入，点击"确定"按钮会出现橡胶海绵条的安装动画，如图 6-28（b）所示。

坐浆处理：点击"确定"按钮，播放坐浆处理的动画。

接缝分仓：根据图纸和规范，在右下角的操作栏里将参数填入，点击"确定"按钮播放分仓动画，完成任务，如图 6-28（c）所示。

6.6.6　接缝封堵

①任务说明：每个竖向构件均采用灌浆料进行接缝封堵。

②任务出现条件：完成竖向构件接缝处理任务并提交之后，系统自动推送。

③任务操作：根据图纸和规范，将右下角操作栏里的参数填写进去，然后点击"确定"按钮，播放接缝封堵动画，完成任务，如图 6-29 所示。

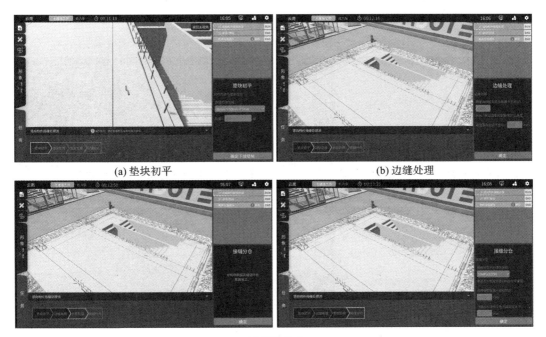

(a) 垫块初平   (b) 边缝处理

(c) 接缝分仓

图 6-28 竖向构件接缝处理

图 6-29 接缝封堵

6.6.7 灌浆料制备及检测

①任务说明:套筒灌浆料按照灌浆料厂家说明书的水料比进行制备;待套筒灌浆料制备完毕,进行流动性检测。

②任务出现条件:构件安装计划审核通过之后,系统自动推送。

③任务操作:本任务由材料计量、第一次搅拌、(第)二次搅拌、流动性检测 4 个流程组成,如图 6-30 所示。

图 6-30　灌浆料制备及检测

材料计量:点击 灌浆料使用说明书 按钮,查看灌浆料说明书。根据说明书将参数填入,点击 确定 按钮播放材料计量动画。

第一次搅拌和(第)二次搅拌:根据说明将参数填入,点击 确定 按钮播放搅拌动画。

流动性检测:三维展示区会播放卷尺测量试件的水平和竖向方向的直径动画,最后读取卷尺上的测量数据,将其填入相应位置。通过 横向测量 竖向测量 查看试件的横向和竖向直径尺寸。点击 确定 按钮进行二次检测,操作和第一次一样。点击 确定 后可以通过操作区查看流动性报告。若没问题,点击"提交"按钮给管理员进行审核。若数据有问题,则需要点击"重做"按钮重新进行灌浆料制备。

6.6.8　灌浆作业

①任务说明:灌浆作业应当在预制构件安装后及时进行,一般而言应随层灌浆,即安装好一层预制构件后立即进行该层灌浆。隔层灌浆甚至隔多层灌浆是有危险的。

②任务出现条件:项目管理员审核通过灌浆料制备与检测任务并提交后,系统自动推送。

③任务操作:如图 6-31 所示,分三步进行。

选择构件:在三维展示区中点击选择一块构件进行灌浆。

选孔:根据图纸和规范,在三维展示区中随便选取一个灌浆孔或出浆孔,并点击,再点击"确定作业"按钮,则开始进行灌浆作业。

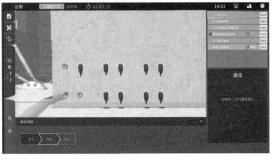

图 6-31 灌浆作业

灌浆堵孔：根据选择的灌浆孔，点击"确定"按钮会播放灌浆作业动画，然后其他灌浆孔中会有灌浆料流出，通过单击有灌浆料流出的孔位选择木塞进行封堵。全部封堵完成后，点击 开始灌浆 按钮后，系统会播放动画，对剩余的竖向构件进行灌浆。

6.6.9 竖向钢筋绑扎

①任务说明：注意钢筋安装质量；保证钢筋规格、数量和间距的准确。

②任务出现条件：构件装配员搭建完每层的竖向构件并提交后，系统自动推送。

③任务操作：如图 6-32 所示，通过点击三维展示区内的 9 个施工区域，便可进入进行节点施工。进入单个节点后镜头会拉近，此时可查看图纸和规范，并将右边操作栏里的参数填入，然后点击 确定绑扎，系统会播放施工动画。单个节点制作完成后通过视角旋转，点击下一个施工节点重复上面的操作流程，完成其余节点区域的施工。施工完后点击"确定"按钮，系统会播放支模动画，播放完成后会在底部出现各个施工节点的图标，此时点击图标可以查看施工节点的详情。点击"提交"按钮之后，系统直接推送至项目管理员审核。

6.6.10 水平构件接缝处理

①任务说明：对水平构件搭接处底部进行处理，防止漏浆。

②任务出现条件：构件装配员搭建完每层的水平构件并提交后，系统自动推送。

③任务操作：根据图纸和规范将右边操作栏里的参数填入，然后点击"确定"按钮就会出现所有水平构件接缝处理的动画，如图 6-33 所示。

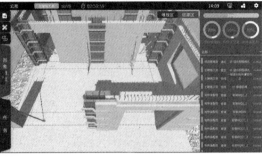

图 6-32　竖向钢筋绑扎

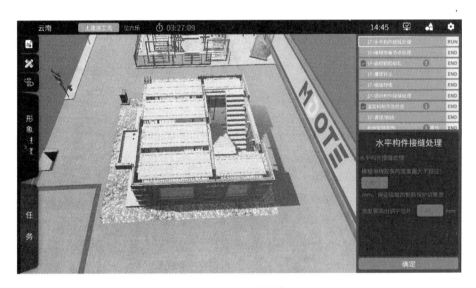

图 6-33　水平构件接缝处理

6.6.11　楼面钢筋绑扎

①任务说明:注意钢筋安装质量;保证钢筋规格、数量和间距的准确。

②任务出现条件:土建施工员完成水平接缝处理后,系统自动推送。

③任务操作:如图 6-34 所示,点击三维展示区内的 15 个施工区域,分别进入相应的节点进行施工。进入相应的节点后,镜头会拉近,此时可查看图纸和规范,并将右边操作

栏里的参数填入,然后点击 **确定绑扎**,系统会播放施工动画。相应节点制作完成后通过视角旋转,点击下一个施工节点重复上面的操作,完成其余节点区域的施工。施工完毕后,点击"确定"按钮,系统自动播放支模动画,播放完成后会在底部出现其余施工节点图标,此时点击图标,即可查看各个施工节点的详情。点击"提交"按钮后,系统直接推送至项目管理员进行审核。

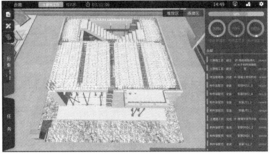

图 6-34　楼面钢筋绑扎

6.6.12　混凝土浇筑及养护

①任务说明:混凝土浇筑准备;混凝土浇筑、振捣及养护。

②任务出现条件:项目管理员审核通过楼面钢筋绑扎任务后,系统自动推送。

③任务操作:主要分三步。

a.混凝土浇筑准备:查看图纸和规范,并将右边操作栏里的参数填入,然后点击"确定"按钮进行混凝土浇筑,如图 6-35 所示。

b.混凝土浇筑:操作区提示需要将实体现浇层安装到沙盘上,土建施工员拿起 5 个现浇模块安装在沙盘上。三维模型展示区会分别显示现浇层的浇筑、振捣、抹平动画。全部完成后点击"确定"按钮进入混凝土养护工作。

现浇模块具体操作:在现浇模块搭建前保证竖向构件以及水平构件已经搭建完成,并且每个构件都安装到位。首先,根据任务要求将现浇模块从收纳抽屉取出,每块的现浇都是固定的位置,不能通用;其次,根据竖向构件上部的预埋钢筋的位置对应现浇模块的孔洞来确认现浇位置;再次,将竖向构件上部的预埋钢筋插入现浇模块的孔洞后即可下放安装现浇层,现浇模块将会被磁吸到位。安装完成后设备会有"砰"的一声提示音说明安装到位。注意:在安装的时候,钢筋会因为竖向构件的安装角度有所偏差,应调整竖向构件

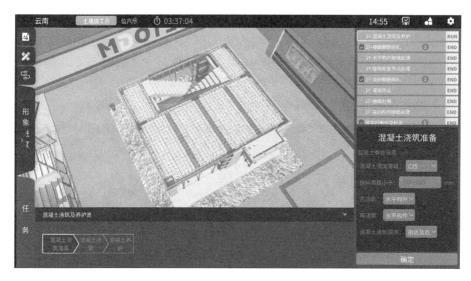

图 6-35　混凝土浇筑准备

的角度让钢筋进入现浇的孔洞中。从次,现浇模块之间有相互连接的扣点,像拼图一样的咬合点,现浇模块之间会通过此结构咬合在一起。最后,全部安装完成后应查看现浇模块是不是都在同一水平面,如有高低落差需查看有问题的现浇模块下面的支撑、构件是否安装到位,是否有标准信号传输接口没有接触到位。

c.混凝土养护:查看图纸和规范,并将右边操作栏里的参数填入后,本系统会随机出现环境变量并给出正确的养护参数。点击"确定"按钮会显示对应的养护方式动画。

混凝土浇筑与养护如图 6-36 所示。

图 6-36　混凝土浇筑与养护

6.6.13　楼梯安装节点处理

①任务说明:主要针对楼梯安装节点处进行找平层施工。

②任务出现条件:构件装配员将每层楼梯间处的梯梁搭建完毕后,系统自动推送。

③任务操作:查看图纸和规范,并将右边操作栏里的参数填入,然后点击"确定"按钮,系统会在梯梁上出现楼梯安装节点处理的动画,完成该任务,如图 6-37 所示。

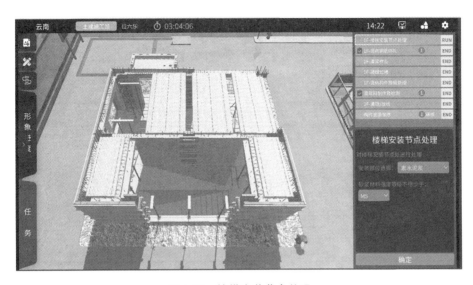

图 6-37 楼梯安装节点处理

6.6.14 楼梯节点灌浆封堵

①任务说明:对楼梯安装孔位部分进行灌浆封堵。

②任务出现条件:构件装配员将每层楼梯间处的预制楼梯搭建完毕之后,系统自动推送。

③任务操作:查看图纸和规范,并将右边操作栏里的参数填入,然后点击"确定"按钮,系统会在梯梁上出现楼梯安装节点处理的动画,完成本任务,如图 6-38 所示。

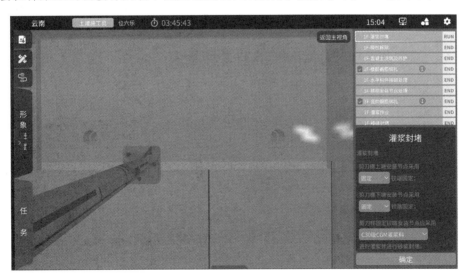

图 6-38 楼梯节点灌浆封堵

6.6.15 模板拆除

①任务说明：模板拆除时，可采取先支的后拆、后支的先拆，先拆非承重模板、后拆承重模板的顺序，并应从上而下进行拆除；当混凝土强度达到设计要求时，方可拆除底模及支架。当设计无具体要求时，同条件养护试件的混凝土抗压强度应符合表6-2的规定。

表6-2 底模拆除时的混凝土强度要求

构件类型	构件跨度/m	达到设计的混凝土立方体抗压强度标准值的百分率/(%)
板	≤2	≥50
	>2,≤8	≥75
	>8	≥100
梁、拱、壳	≤8	≥75
	>8	≥100
悬臂结构		≥100

②任务出现条件：当混凝土浇筑完毕且养护一段时间之后，系统自动推送。

③任务操作：养护完成后，填写相应的参数，然后点击三维场景中待拆除的模板，此时模板即可拆除，再点击"确认拆除"按钮完成当前任务，如图6-39所示。

图6-39 拆模

6.7 实训报告及成绩评定

构件工艺员、构件装配员、土建施工员完成所有任务后，系统分别会出现生产完成、装配完成、施工完成等提示语。每个人点击任务后会跳出弹框,点击"确定"按钮结束个人的实训操作。当三人全部工作结束后,项目管理员也会推送系统任务建设完成。

当项目管理员认定结束后,会跳到收纳界面。此时,四人合力将沙盘构件从施工区拆除,放回堆放区进行收纳。系统会自动判断构件收纳的状态,如有遗漏、错放,系统就会判定任务未完成,请继续收纳等。

沙盘构件收纳注意事项:①沙盘构件堆放区底座和沙盘施工区底座是合二为一安装在升降模块上,每个构件都对应一个充电堆放坑位。②每个坑位会对同类型的构件外形进行限位,不是同类型的构件会因为坑位造型不同而不能被收纳。如果是同类型的可以通过构件编号铭牌和坑位的编号进行归位引导。③收纳时,对应收纳坑位的造型调整好构件的方向,当构件正确堆放的时候会被磁吸锁定到位并充电。④支撑和现浇模块被收纳在实训操作台的配件收纳抽屉里,可根据适当的摆放位置对其进行收纳。现浇模块也会对应收纳抽屉里的编号进行收纳管理。注意:收纳时请注意支撑及配件数量,因支撑都带有磁铁。如收纳时发现数量不对,应查看实训操作台是否会有支撑被意外吸附在外壳上。

确认所有支撑配件收纳到位后,再关闭配件抽屉。最后,点击"结束"按键,升降台才会下降。当下降完成后,系统会出现各自的成绩以及小组的成绩、用时等信息,如图 6-40 所示。

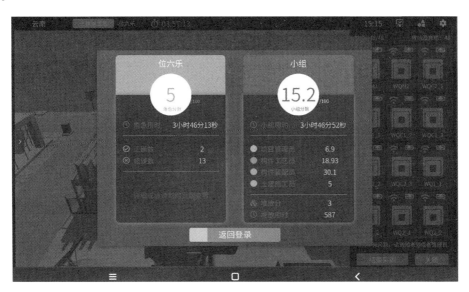

图 6-40 实训报告

本 章 小 结

通过本章指导内容,可以学习到以下内容。

①装配式建筑施工技术的基本原理和概念：首先介绍了装配式建筑施工技术的定义、特点和优势，以及与传统施工方法的对比。了解这些基本原理和概念，有助于学习者理解装配式建筑施工的背景和目标。

②装配式建筑施工技术的操作流程：详细介绍了装配式建筑施工的整体操作流程，包括项目管理、工程任务计划、构件生产、构件安装、施工过程、施工工艺和施工管理等每个环节和细节。学习者可以通过学习这些流程来了解装配式建筑施工的具体步骤和操作要求。

③装配式建筑施工中各构件的连接和安装方法：介绍了地基基础、预制柱、预制墙、叠合梁、楼梯等构件的连接和安装方法，包括连接件的选择、吊装操作、安装顺序和注意事项等。学习者可以通过掌握这些方法，学习如何正确、高效地进行装配式建筑施工。

④装配式建筑施工中的质量管理和安全控制：提供了关于装配式建筑施工质量管理和安全控制的相关指导，包括施工质量检查和验收工作、施工过程中的质量控制、安全事故预防和应急处理等方面的内容。学习者可以通过这些指导，了解如何保证装配式建筑施工的质量和安全。

本章不提供配套习题，请学习者通过装配式建筑实训沙盘的实际操作课程，系统地学习装配式建筑施工技术的相关知识和操作要点，掌握装配式建筑施工的基本流程和方法，并提高质量管理和安全控制能力，为实际工程实践提供有力支持。

装配式建筑工程 IDT 拟态
实战演练系统实训任务指导书

参 考 文 献

[1] 王俊,赵基达,胡宗羽.我国建筑工业化发展现状与思考[J].土木工程学报,2016,45 (9):1-8.

[2] 中国建筑标准设计研究院.建筑工业化系列标准应用实施指南(装配式混凝土结构建筑):2016SSZN-HNT[M].北京:中国计划出版社,2016.

[3] 王鑫,赵腾飞.装配式混凝土结构施工技术与管理[M].北京:机械工业出版社,2020.

[4] 中国建筑标准设计研究院.预制混凝土剪力墙外墙板:15G365-1[S].北京:中国计划出版社,2015.

[5] 中国建筑标准设计研究院.预制混凝土剪力墙内墙板:15G365-2[S].北京:中国计划出版社,2015.

[6] 中国建筑标准设计研究院.装配式混凝土结构连接节点构造(2015 年合订本)G310-1～2[S].北京:中国计划出版社,2015.

[7] 中国建筑标准设计研究院.预制钢筋混凝土阳台板、空调板及女儿墙:15G368-1[S].北京:中国计划出版社,2015.

[8] 中国建筑标准设计研究院.预制钢筋混凝土板式楼梯:15G367-1[S].北京:中国计划出版社,2015.

[9] 中国建筑标准设计研究院.桁架钢筋混凝土叠合板(60mm 厚底板):15G366-1[S].北京:中国计划出版社,2015.

[10] 吴耀清,鲁万卿.装配式混凝土预制构件制作与运输[M].郑州:黄河水利出版社,2017.

[11] 范小雨,郑旭东,郑浩.智能实训教学何以可能:基于数字孪生技术的分析[J].职教通讯,2020(12):26-31.